H. KREIKEBAUM · K.-J. HERBERT

Arbeitsgestaltung und Betriebsverfassung

Sozialpolitische Schriften

Heft 61

Arbeitsgestaltung und Betriebsverfassung

Eine empirische Untersuchung zum autonomen Arbeitsschutz bei Arbeitgebern und Betriebsräten

Von

Hartmut Kreikebaum
Klaus-Jürgen Herbert

Duncker & Humblot · Berlin

CIP-Titelaufnahme der Deutschen Bibliothek

Kreikebaum, Hartmut:
Arbeitsgestaltung und Betriebsverfassung: eine empirische Untersuchung zum autonomen Arbeitsschutz bei Arbeitgebern und Betriebsräten / von Hartmut Kreikebaum; Klaus-Jürgen Herbert. — Berlin: Duncker u. Humblot, 1990
(Sozialpolitische Schriften; H. 61)
ISBN 3-428-06833-5
NE: Herbert, Klaus-Jürgen:; GT

Druck: Alb. Sayffaerth – E. L. Krohn, Berlin 61
Printed in Germany

ISSN 0584-5998
ISBN 3-428-06833-5

Vorwort

Trotz aller Fortschritte in der Fertigungstechnologie bleibt der Mensch offenbar der kritische Faktor der Produktion. Die Forderung nach einer Humanisierung der Arbeit hat deshalb nichts an Brisanz eingebüßt, wenngleich sie sich auch auf bestimmte Formen der Arbeitsgestaltung verlagert hat. Sie kommt in der tendenziellen Ablösung rigider Organisationshierarchien und in neuen Formen der Selbstorganisation ebenso zum Ausdruck wie in Bestrebungen, Humanisierungsaspekte bereits in die Fabrikneuplanung einzubeziehen. Das jüngste Volvo-Werk in der westschwedischen Küstenstadt Uddevalla bietet ein eindrucksvolles Beispiel für die vollständige Ablösung des Fließbandes durch teilautonome Arbeitsgruppen.

Dabei sei daran erinnert, daß bereits Anfang der zwanziger Jahre von dem schwäbischen Industriellen Richard Lang mit wissenschaftlicher Unterstützung des Sozialpsychologen Willi Hellpach „Fabrikationsgruppen" konzipiert und als Vorläufer der modernen Gruppenarbeit in der Automobilindustrie eingeführt wurden.

Die Verknüpfung von praxisorientierten Experimenten mit wissenschaftlicher Begleitforschung war das erklärte Ziel des Humanisierungsprogramms der sozialliberalen Koalition im Jahre 1974. Dieses bis heute fortgeführte Forschungsprogramm verfolgte insbesondere den Zweck, die erstmals 1972 in das Betriebsverfassungsgesetz einbezogenen „Humanisierungsparagraphen" 90 und 91 wissenschaftlich zu fundieren und gleichzeitig der Praxis durch neue Erkenntnisse zur Arbeitsgestaltung zu dienen. So bahnbrechend auf der einen Seite die Einbeziehung der Forderung nach einer menschengerechten Gestaltung der Arbeit in ein Gesetzeswerk schien, so groß waren auf der anderen Seite für die unmittelbar Beteiligten die Unsicherheiten über die Ausfüllung dieser Forderung und die Konkretisierung der in den beiden Paragraphen benutzten unbestimmten Rechtsbegriffe. Es erschien uns deshalb ebenso reizvoll wie notwendig, die beteiligten Praktiker selbst einmal danach zu fragen, wie sie die verschiedenen Rechtsbegriffe interpretieren und zu welchen praktischen Konsequenzen sie kommen. Im Rahmen einer empirischen Analyse haben wir uns mit diesem Problem am speziellen Beispiel der hessischen Metallindustrie beschäftigt. Über erste Ergebnisse berichteten wir bereits in der im Gabler-Verlag vorgelegten Monographie „Humanisierung der Arbeit", wobei hier vor allem die Verknüpfung humanitärer mit betriebswirtschaftlichen Problemen im Vordergrund stand.

Die vorliegende Untersuchung dokumentiert die vollständigen Ergebnisse und den Ablauf unserer empirischen Untersuchung zum Gestaltungsrahmen der Paragraphen 90, 91 Betriebsverfassungsgesetz. Sie ist aus einer langjährigen und bewährten Kooperation der beiden Verfasser erwachsen, die sowohl die empirische Feldarbeit als auch deren Auswertung umfaßte.

Es ist uns eine angenehme Pflicht, an dieser Stelle den in die Untersuchung einbezogenen Unternehmen zu danken, d. h. den Vertretern der Arbeitgeber ebenso wie den Vorsitzenden und Mitgliedern der Betriebsräte. Zu danken haben wir auch für die Unterstützung durch die Industriegewerkschaft Metall, insbesondere deren Humanisierungs-Beratungsstelle, und den Arbeitgeberverband der hessischen Metallindustrie. Für die Hauptuntersuchung erhielten wir eine finanzielle Unterstützung durch die Landeszentralbank in Hessen, der an dieser Stelle ebenfalls herzlich gedankt sei.

Herr Dipl.-Kfm. Rainer Türck übernahm die Aufgabe einer kritischen Durchsicht des Manuskripts. Mit der gewohnten Unnachgiebigkeit hat er uns zu innerer Logik verpflichtet. Frau Monika Wassill hat eine vom Verlag verarbeitbare Diskette erstellt. Die Korrekturläufe haben sie nicht verzweifeln lassen.

Last but not least bleibt die stets erfreuliche Zusammenarbeit mit dem Verlag Duncker & Humblot lobend zu erwähnen, dessen Geschäftsführung uns auch dann nicht ihre wohlwollende Unterstützung und Geduld versagte, als wir mit der Fertigstellung des Manuskripts in Zeitverzug gerieten.

Wie der Leser feststellen wird, versuchen wir durch die im Anhang wiedergegebenen ausführlichen Ergebnisdarstellungen ein möglichst facettenreiches Bild der Praxis zu zeichnen. Die Unterschiede und Gemeinsamkeiten in der Haltung von Arbeitgebervertretern und Betriebsräten verdienten nach unserer Einschätzung eine umfassende Dokumentation. Im Anhang werden die Originalantworten zur Interpretation ausgewählter unbestimmter Rechtsbegriffe im autonomen Arbeitsschutz dargestellt. Eine vollständige Übersicht der Praktikeraussagen zu den einzelnen Fragen ist auf Wunsch am Lehrstuhl für Industriebetriebslehre der Johann Wolfgang Goethe-Universität, Frankfurt, erhältlich. Alle Praxisbefunde werden im Textteil in komprimierter Form dargestellt und jeweils mit den theoretischen Überlegungen verknüpft.

Die vorliegende Untersuchung stellt eine echte Gemeinschaftsarbeit dar, deren Ergebnisse für die weitere Forschung auf dem Gebiet der Arbeitshumanisierung hoffentlich ebenso anregend sein werden, wie sie für die tägliche Humanisierungspraxis von Nutzen sein mögen.

Frankfurt a. M., im September 1989

Die Verfasser

Inhaltsverzeichnis

Verzeichnis der Abbildungen

Verzeichnis der Anhänge

Abbildung 1:
Aufbau der Untersuchung

1. Teil: Grundlagen

- Problemstellung und Vorgehensweise
- Ergebnisse bisheriger Untersuchungen
- Aufbau und Methodik des eigenen Pretests
- Ergebnisse des Pretests
- Konsequenzen für die Hauptuntersuchung

2. Teil: Ergebnisse der empirischen Untersuchung

- Kenntnis und Beurteilung der §§ 90, 91 BetrVG
- Gegenstandsbereiche der Rechtsnormen des autonomen Arbeitsschutzes
- Die unbestimmten Rechtsbegriffe des § 90 BetrVG
- Die unbestimmten Rechtsbegriffe des § 91 BetrVG
- Das Selbst- und Fremdbild der Betriebspartner

3. Teil: Schlußfolgerungen und Empfehlungen

- Für die Praxis der Arbeitshumanisierung
- Für den Gesetzgeber
- Für Forschung und Lehre

1. Teil: Grundlagen

A. Problemstellung und Vorgehensweise

Das Betriebsverfassungsgesetz wurde letztmalig 1972 novelliert. Eine Art „Weltpremiere“ bedeuteten damals die §§ 90, 91, die eine Humanisierung der Arbeit auf betriebsverfassungrechtlicher Grundlage ermöglichen und fördern sollten. Die „Humanisierungsparagraphen“ im Betriebsverfassungsgesetz ergänzen die Regelungen des gesetzlichen Arbeitsschutzes, die in einer Vielzahl von Einzelnormen verankert sind. Sie konstituierten einen „autonomen Arbeitsschutz“, der durch Arbeitgeber und Betriebsrat in die Praxis umzusetzen ist (vgl. Kreikebaum / Herbert [Humanisierung] 1988). Durch die Regelungen des autonomen Arbeitsschutzes sollte „... ein Bereich erfaßt werden, der zwar nicht durch arbeitsschutzrechtliche Bestimmungen geregelt ist, dem aber im Vorfeld des Arbeitsschutzes eine erhebliche Bedeutung für die Erhaltung der Gesundheit der Arbeitnehmer zukommt.“ (Ausschuß für Arbeit und Soziales [Gestaltung] Drucksache VI / 2729, 5).

Mit der novellierten Fassung des Betriebsverfassungsgesetzes wurde vom Gesetzgeber mit Wirkung vom 15. Januar 1972 die nachstehende Formulierung verabschiedet und in das Gesetz eingefügt::

„Vierter Abschnitt. Gestaltung von Arbeitsplatz, Arbeitsablauf und Arbeitsumgebung

§ 90 BetrVG: Unterrichtungs- und Beratungsrechte

Der Arbeitgeber hat den Betriebsrat über die Planung

1. von Neu-, Um- und Erweiterungsbauten von Fabrikations-, Verwaltungs- und sonstigen betrieblichen Räumen,
2. von technischen Anlagen,
3. von Arbeitsverfahren und Arbeitsabläufen oder
4. der Arbeitsplätze

rechtzeitig zu unterrichten und die vorgesehenen Maßnahmen insbesondere im Hinblick auf die Auswirkungen auf die Art der Arbeit und die Anforderungen an die Arbeitnehmer mit ihm zu beraten. Arbeitgeber und Betriebsrat sollen dabei die gesicherten arbeitswissenschaftlichen Erkenntnisse über die menschengerechte Gestaltung der Arbeit berücksichtigen.

§ 91 BetrVG: Mitbestimmungsrecht

Werden die Arbeitnehmer durch Änderungen der Arbeitsplätze, des Arbeitsablaufs oder der Arbeitsumgebung, die den gesicherten arbeitswissenschaftlichen Erkenntnissen über die menschengerechte Gestaltung der Arbeit offensichtlich widersprechen, in besonderer Weise belastet, so kann der Betriebsrat angemessene Maßnahmen zur Abwendung, Milderung oder zum Ausgleich der Belastung verlangen. Kommt eine Einigung nicht zustande, so entscheidet die Einigungsstelle. Der Spruch der Einigungsstelle ersetzt die Einigung zwischen Arbeitgeber und Betriebsrat."

Die Formulierungen zeigen, daß der Gesetzgeber nur eine Generalnorm vorgeben wollte. Sie enthält eine Vielzahl unbestimmter Rechtsbegriffe, die anwendungsbezogen auszulegen sind.

Durch das Informations- und Beratungsrecht und das korrigierende Mitbestimmungsrecht soll sichergestellt werden, daß die Interessen der Arbeitnehmer bei unternehmerischen Entscheidungen, die zu Veränderungen der Arbeitsgestaltung führen, berücksichtigt werden. Als Maßstab einer Beurteilung sollen die „gesicherten arbeitswissenschaftlichen Erkenntnisse" dienen.

Ziel des Gesetzgebers war eine Humanisierung der Arbeit, die über den gesetzlichen Arbeitsschutz hinausgeht. „Die Betriebsverfassung sollte in den Dienst einer wünschenswerten Humanisierung des Arbeitslebens gestellt werden. Der Gesetzgeber wollte den Erfordernissen der Praxis entsprechend selbst Impulse geben und einen Anfang setzen." (Fitting u.a. [Betriebsverfassungsgesetz] 1987, Rn. 2 zu § 90). Dabei waren die gesellschaftspolitischen Erwartungen an das neue Gesetzeswerk hoch gesteckt. Angestrebt wurden eine „Demokratisierung der Arbeitswelt" und die „Humanisierung der Arbeit" im „betrieblichen Spannungsfeld" (Rohde [Erwartungen] 1972, 155). Sowohl im Bundestagsausschuß für Arbeit und Soziales wie auch im Parlament selbst wurden die §§ 90, 91 BetrVG in ihrer jetzigen Form einstimmig verabschiedet, ohne die vielfach übliche vorparlamentarische oder parlamentarische Auseinandersetzung. Der Regierungsentwurf der sozial-liberalen Koalition übernahm damals interessanterweise den Vorschlag der CDU / CSU-Fraktion sowie den Entwurf der Bundesvereinigung der Deutschen Arbeitgeberverbände.

Angesichts der Neuartigkeit der zu regelnden Sachverhalte hat der Gesetzgeber es seinerzeit vorgezogen, seine Anforderungen „weich" zu formulieren. Auf den ersten Blick ist anzunehmen, daß es nur einer relativ offenen Formulierung gelingen konnte, bei allen Parteien Zustimmung zu finden und deren gegensätzliche Positionen zu überbrücken. Dabei wird jedoch übersehen, daß alle Beteiligten mit dem autonomen Arbeitsschutz Neuland betraten. Es war von daher sinnvoll, zunächst einmal gewisse Generalnormen zu entwickeln. Den vom Gesetz betroffenen Parteien (Arbeitgeber und Betriebsrat) sollte ein Gestaltungsrahmen eröffnet werden. Innerhalb dieses Gestaltungsrahmens sollte Raum bleiben, unter dem Primat der vertrauensvollen Zusammenarbeit zwischen Arbeitgeber und Betriebsrat (§ 2 BetrVG), praktische und betriebsindividuelle Lösungen humaner Arbeitsgestaltungen zu finden.

Die offene Formulierung der Rechtsnorm birgt, wie jede Generalnorm, Risiken und Chancen. Dies insbesondere, wenn — wie hier — weitgehend Praktiker für eine konkrete Auslegung zuständig sind. Die Situation im Einzelfall, technologische Voraussetzungen, die gewachsenen Verhältnisse im Betrieb sowie das Gestaltungsinteresse oder der Informationsaustausch über Gestaltungsalternativen beim Arbeitgeber wie Betriebsrat beeinflussen die letztlich verwirklichten Lösungen. Das üblicherweise die Gesetzesauslegung vereinheitlichende Korrektiv der Rechtsprechung kommt hier nicht zum Zuge.

Die §§ 90, 91 BetrVG bieten inhaltlich keine Rechtsgrundlage zur gerichtlichen Überprüfung von Einzelregelungen der Arbeitsgestaltung. Einzig formale Fragen sind einer gerichtlichen Prüfung zugänglich, etwa die Frage, ob in einem konkreten Einzelfall eine Information des Betriebsrates hätte erfolgen müssen. Auch im Einigungsstellenverfahren, das im § 91 vorgesehen ist, besteht nur ein mittelbarer Einfluß der Jurisdiktion, sofern ein Arbeitsrichter den Vorsitz führt.

Welche Vorteile oder Nachteile sich durch diese Individualisierung der Rechtsinterpretation ergeben, wird in den späteren Ergebnisdarstellungen deutlich.

Die Gestaltungschancen der offenen Rechtsnorm können generell in folgenden Punkten gesehen werden:

1. Es bleibt Raum für betriebsindividuelle Lösungen zur Arbeitsgestaltung, welche die spezifischen Gegebenheiten des Einzelfalls berücksichtigen.

2. Durch die Informationspflicht wird die Unternehmensleitung angeregt, bereits im Vorfeld von Entscheidungen humanitäre Aspekte in die Gestaltungsüberlegungen zur Arbeitsorganisation einzubeziehen, um späteren negativen Folgen vorzubeugen.

3. Die Information über geplante Maßnahmen bildet die notwendige Grundlage einer Partizipation der Betriebsräte an unternehmerischen Entscheidungen.

4. Die Verpflichtung zur Beratung geplanter Maßnahmen mit dem Betriebsrat macht es möglich, einerseits das Problemlösungspotential der Arbeitnehmervertretung zu nutzen und sich andererseits die Mithilfe in der Durchsetzungsphase zu sichern.

5. Durch den Rückgriff auf den aktuellen Stand der arbeitswissenschaftlichen Erkenntnisse werden Lösungen angestrebt, die den neuesten Möglichkeiten humaner Arbeitsgestaltung entsprechen.

6. Der Wandel der Einstellungen und Werte beim arbeitenden Menschen findet ebenso Berücksichtigung wie die verfügbaren technologischen Möglichkeiten (technologischer Wandel) und sich ändernde ökonomische Bedingungen.

„Die Reichweite dieser Normen ist fast unbegrenzt." (Matthöfer [Humanität] 1977, 160). Der autonome Arbeitsschutz ergänzt in geradezu idealer Weise die schon bestehenden Vorschriften. Abbildung 2 zeigt im Überblick das System des Arbeitsschutzes in der Bundesrepublik.

Abbildung 2:
Struktur des Arbeitsschutzes

Allgemeine Fürsorgepflicht des Arbeitgebers
§§ 120a, 120b Gewerbeordnung
§ 618 Bürgerliches Gesetzbuch
§ 62 Handelsgesetzbuch

Gesetzlicher Arbeitsschutz	**Verzahnung zwischen dem gesetzlichen und autonomen Arbeitsschutz**	**Autonomer Arbeitsschutz**
Staatlicher Arbeitsschutz: - Arbeitsstättenverordnung - Arbeitssicherheitsgesetz - Gerätesicherheitsgesetz - Recht der überwachungsbedürftigen Anlagen - Arbeitsstoffverordnung - Arbeitszeitordung - Jugendarbeitsschutzgesetz - Schwerbehindertengesetz - Mutterschutzgesetz **Unfallversicherungsrecht** - Unfallverhütungsvorschriften (UVV) - Reichsversicherungsordnung (RVO) - Technische Aufsichtsbeamte (TAB)	**§ 81 BetrVG** Unterrichtung des Arbeitnehmers über Unfall- und Gesundheitsgefahren **§ 82 BetrVG** Vorschlagsrecht des Arbeitnehmers zu Fragen der Arbeitsgestaltung **§ 87 BetrVG** Mitbestimmung des Betriebsrats bei Regelungen zum Unfall- und Gesundheitsschutz **§ 88 BetrVG** Regelung des Unfall- und Gesundheitsschutzes durch Betriebsvereinbarung **§ 89 BetrVG** Einschaltung öffentlicher Kontrollorgane zur Durchsetzung der Arbeitsschutzvorschriften durch den Betriebsrat	**§ 90 BetrVG** Informations- und Beratungsrecht bei der Planung von Veränderungen der Arbeitsgestaltung **§ 91 BetrVG** Korrigierende Mitbestimmung nach der Veränderung der Arbeitsgestaltung

Ausgehend von übergeordneten Normen im Grundgesetz, der Gewerbeordnung, dem Bürgerlichen Gesetzbuch und dem Handelsgesetzbuch wird durch die Einzelgesetze im gesetzlichen Arbeitsschutz direkt in unternehmerische Gestaltungsentscheidungen eingegriffen. Gebote, Verbote sowie zulässige Grenz-

und Belastungswerte, überwacht durch Kontrollorgane und verbunden mit Sanktionsmöglichkeiten, kennzeichnen diese Normenstruktur. (Vgl. Kreikebaum / Herbert [Humanisierung] 1988, 124-133). Im autonomen Arbeitsschutz werden dagegen die Arbeitgeber (bzw. deren Fachleute), die Betriebsräte und Arbeitswissenschaftler zum Handlungsgehilfen des Gesetzgebers. Damit wurde eine indirekte Form der Einflußnahme auf unternehmerische Entscheidungen gewählt. (Vgl. Kreikebaum / Herbert [Humanisierung] 1988, 218).

Das Problem liegt in der konkreten praktischen Umsetzung der Normen und damit im arbeitsorganisatorischen Gestaltungsspielraum. Die bei den Sozialpartnern zwei Jahre nach der Novellierung des Gesetzes herrschende Stimmung charakterisierte Birkwald seinerzeit wie folgt: „Trotz der schon bestehenden Normen (gemeint sind die Schutzbestimmungen in § 120 Gewerbeordnung, § 680 BGB, § 62 HGB und dem gesetzlichen Arbeitsschutz) haben die §§ 90, 91 BetrVG die Beteiligten wie ein Blitz getroffen. Die Betriebsparteien sind völlig unvorbereitet gewesen. Die Ahnungslosigkeit über menschengerechte Gestaltung der Arbeit ist tatsächlich riesengroß." (Birkwald [§§ 90 und 91] 1974, 62). Die Bundesregierung reagierte deshalb bereits 1974 mit einem Forschungsprogramm zur Humanisierung der Arbeit (HdA-Programm), das der Verbreiterung und Sicherung einer arbeitswissenschaftlichen Erkenntnisbasis und somit der Schaffung einer Anspruchs- und Vergleichsgrundlage dienen sollte. (Vgl. DFVLR (Hg.) [Aktionsprogramm] 1976). Die Bereitstellung arbeitswissenschaftlicher Erkenntnisse ist neben dem zweifellos vorhandenen Praktikerwissen die Voraussetzung für eine Umsetzung des Gesetzgeberziels in der Praxis. Je breiter die Wissensbasis wird und je umfassender dieses Wissen bei Arbeitgebern und Betriebsräten bekannt ist, desto größer sind die Chancen, das Ziel einer menschengerechten Arbeitsgestaltung in allen Bereichen des Arbeitslebens zu erreichen.

Die besondere betriebswirtschaftliche Problematik ergibt sich daraus, daß durch die §§ 90, 91 BetrVG elementare betriebswirtschaftliche Sachverhalte berührt werden. Die Mitwirkung von Arbeitnehmervertretern bei Fragen der Arbeitsgestaltung beeinflußt vorrangig die unternehmerischen Investitionen und wirft technologische Probleme auf. Es sind nahezu alle ökonomischen, technologischen und organisatorischen Problemkreise betroffen. Ökonomische Aspekte ergeben sich, wenn die Mitwirkungslösung nicht kostenneutral ist, wobei positive wie negative Effekte denkbar sind. Technologische Probleme können entstehen, wenn notwendige Technologien noch nicht ausreichend in der Praxis getestet sind oder widersprüchliche Ergebnisse zu deren Konsequenzen vorliegen. Organisatorische Fragen ergeben sich bei der Implementierung der Informations- und Beratungsaktivitäten ebenso wie bei der konkreten Arbeitsgestaltung. (Vgl. Kreikebaum [Aspekte] 1983).

Die Probleme einer praktischen Umsetzung der Gesetzesnormen knüpfen ebenso wie die eröffneten Chancen an die unbestimmten Rechtsbegriffe an. Es ist allerdings zu konzedieren, daß der Gesetzgeber bei der Komplexität der Lebenswirklichkeit oft keine andere Wahl hat, als eine Generalnorm zu formulieren. Auch der Rückgriff auf die Forschungsergebnisse der Wissenschaft wird offenbar zunehmend erforderlich. Allein in 16 Gesetzen, Verordnungen, Vereinbarungen und Normen des Arbeitsrechts wird auf die „arbeitswissenschaftlichen Erkenntnisse" verwiesen. (Vgl. Fuchs [Erkenntnisse] 1984, 13-16). Das Expertenwissen der Arbeitswissenschaft kommt hier jedoch nur mittelbar zum Zuge. Es wird allenfalls in Präzedenzfällen übergeordneter Bedeutung sinnvoll und möglich sein, eine wissenschaftliche Studie durchzuführen. In der Praxis werden Arbeitgeber und Betriebsräte meist auf ihren Wissensstand oder denjenigen ihrer Berater (Betriebsärzte, Ingenieure, HDA-Beratungsstellen der Gewerkschaften und Arbeitgeberverbände) angewiesen sein.

Diese Problemlage führte uns zu der Frage, wie die Praxis mit dieser offenen Rechtsnorm umgeht, die zudem grundsätzliche unternehmerische Gestaltungsentscheidungen berührt. Ein auf breiter Basis erhobener Überblick über das Verständnis und die Auslegung, den Wunsch und die Wirklichkeit im autonomen Arbeitsschutz ließ sowohl Schlußfolgerungen als auch Empfehlungen für die Praxis der Arbeitsgestaltung sowie für den Gesetzgeber und für Forschung und Lehre erwarten.

Vor diesem Hintergrund interessierte es uns vor allem, empirisch fundierte Erkenntnisse zu den folgenden Fragen zu gewinnen:

— Wie werden die genannten Rechtsnormen von den beteiligten Verhandlungspartnern ausgelegt?
— Wie werden die einzelnen Rechtsbegriffe in der Praxis verstanden und angewendet?
— Wie erfolgt die organisatorische Umsetzung im Unternehmen?
— In welchen Bereichen gibt es Gemeinsamkeiten und / oder Unterschiede in der Auslegung, Anwendung und Verankerung?
— Worauf sind Auslegungsunterschiede zurückzuführen?
— Welche Zukunftsperspektiven werden im Problemkreis „autonomer Arbeitsschutz" gesehen?

Dieses Forschungsinteresse ließ den folgenden Aufbau der Arbeit als zweckmäßig erscheinen:

In einem ersten Schritt werden die Ergebnisse bisheriger empirischer Untersuchungen in der Bundesrepublik Deutschland daraufhin untersucht, ob sie einen Beitrag zur Bildung von Arbeitshypothesen für unser Forschungsprojekt liefern können, methodische Probleme lösen helfen und insgesamt für die Präzisierung unserer Forschungsperspektive nutzbar sind. Diese Überlegungen bilden den Ausgangspunkt eines Pretests. Dort werden als explorative Studie erste Ergebnisse formuliert und für die methodische und inhaltliche Konzeption der Hauptuntersuchung genutzt. Im zweiten Teil der Arbeit werden die Ergebnisse unserer eigenen Untersuchung im einzelnen dargestellt. Dieser Abschnitt bildet zweifellos den Schwerpunkt des vorliegenden Werkes. Im abschließenden dritten Teil sollen daraus Schlußfolgerungen für Theorie und Praxis gezogen werden.

Gesetze — insbesondere, wenn sie die Arbeitsgestaltung berühren — greifen in gravierender Weise in den unternehmerischen Handlungsspielraum ein. Sie determinieren Kosten und Leistungen und beeinflussen Aufwands- und Erlösstrukturen ebenso wie technologische Gestaltungsmaßnahmen im gesamten Betrieb. Oft ist es heute notwendig, die Gestaltung der Produkte an arbeitsorganisatorischen Produktionsmöglichkeiten auszurichten. Die Sicht des Betriebswirts ermöglicht hier eine ganzheitliche Betrachtungsweise im Spannungsfeld ökonomischer, technologischer und humanitärer Ziele.

Der Mensch gilt nach der hier vertretenen Auffassung keineswegs als „Lükkenbüßer" (Kreikebaum / Herbert [Humanisierung] 1988, 183) der Maschine, sondern als wichtigster Produktionsfaktor, der die Leistungen im Unternehmen hervorbringt, in Markterfolge umsetzt und damit die ökonomischen Resultate bestimmt.

B. Ergebnisse bisheriger Untersuchungen

Die Literatur zu Fragen der Arbeitnehmerpartizipation allgemein hat mittlerweile einen nahezu unüberschaubaren Umfang angenommen (vgl. dazu den Überblick bei Schwerdtfeger [Mitbestimmung] 1973, 7, der bis zum Jahr 1961 bereits 9.633 Titel zählt). Interessanterweise dominiert dabei allerdings die Zahl der Sekundäruntersuchungen, d. h. die eigenständige Feldforschung im Bereich der Mitbestimmung blieb relativ selten. Diefenbacher führt in einer Zusammenstellung für den Zeitraum von 1878 bis 1983 insgesamt 50 empirische Untersuchungen auf (vgl. Diefenbacher [Mitbestimmungsforschung] 1983, S. 277-279). Ein Schwerpunkt empirischer Forschungstätigkeit ist um 1980 auszumachen. Dies ist zum einen eine Folge der Anfang der siebziger Jahre einsetzenden Diskussion um den Stand der Lebens- und Arbeitsqualität in der Bundesrepublik Deutschland. Zum anderen hat die seinerzeit einsetzende Diskussion zum Wertewandel sicherlich Untersuchungen in diesem Forschungsfeld angeregt.

Das Betriebsverfassungsgesetz wurde in insgesamt 30 Studien z.T. innerhalb weitergehender Fragestellungen angesprochen; in sieben Untersuchungen war es alleiniger Forschungsgegenstand. Allerdings wurde bisher in keinem Forschungsprojekt empirisch untersucht, inwieweit Betriebsräte nach dem Betriebsverfassungsgesetz in Informations- und Entscheidungsprozesse bei Fragen der Arbeitsgestaltung bzw. der Humanisierung der Arbeit einbezogen werden. Dies ist insofern erstaunlich, als die §§ 90, 91 BetrVG, in denen diese Mitwirkung der Betriebsräte festgelegt ist, 1972 völlig neu in das Betriebsverfassungsgesetz aufgenommen wurden. Vielleicht standen hier die besonderen methodischen Hindernisse einer umfassenden empirischen Auseinandersetzung mit dem Forschungsgegenstand im Wege. Insbesondere der schwierige Zugang zum empirischen Feld könnte bei diesen Fragestellungen einer der Gründe für die Seltenheit von Primärerhebungen sein.

Ausgewählte Aspekte des Informationsverhaltens zwischen Arbeitnehmervertretern und der Arbeitgeberseite wurden im Zeitraum von 1962 bis 1984 in insgesamt 43 Arbeiten erwähnt (vgl. Staehle / Osterloh [Betriebsräte] 1985, 786). Die Studie von Staehle / Osterloh, die mittlerweile weitergeführt worden ist, kann als die bisher letzte empirische Untersuchung zur Tätigkeit der Betriebsräte angesehen werden. Empirische Ergebnisse zum Betriebsverfassungsgesetz liegen auch zu bestimmten Teilfragen vor, so z. B. zur Frage der Anwendung arbeitswissenschaftlicher Erkenntnisse (vgl. Mittler / Ochs / Peter [Erkenntnisse] 1977).

Ganz anders stellt sich die Forschungslandschaft im Hinblick auf Einzelfragen zur Humanisierung der Arbeit dar. Die Novellierung des Betriebsverfassungsgesetzes in Verbindung mit dem Humanisierungsprogramm der Bundesregierung hat geradezu einen Forschungsboom ausgelöst. Die zur Verfügung stehenden staatlichen Finanzierungsmittel verfehlten ihre Anreizwirkung nicht. So vermerkt die Forschungsdokumentation zur Humanisierung der Arbeit bereits 1981 insgesamt 1549 abgeschlossene oder laufende Forschungsprojekte (vgl. Informationszentrum Sozialwissenschaften [Humanisierung] 1981). Die Themenschwerpunkte liegen dabei auf allgemeinen gesellschaftspolitischen Problemen und Aufgaben einer Humanisierung der Arbeit, den Auswirkungen der Arbeitswelt auf den Menschen und konkreten Maßnahmen zur Humanisierung der Arbeit (Arbeitsplatzumgebung, menschengerechte Arbeitsgestaltung, branchen- und personengruppenbezogene Probleme, Sonderfragen des Arbeitsschutzes).

Gegenüber den genannten Einzelaspekten ist der Zusammenhang zwischen dem autonomen Arbeitsschutz und der Humanisierung der Arbeit bislang nicht umfassend untersucht worden. Auch ist wenig über die konkrete Tätigkeit der Betriebsräte und deren Motivation, Ziele, Denkhaltungen und Entscheidungsverhalten bekannt.

Die von uns geplante Studie zum Gestaltungsrahmen der §§ 90, 91 BetrVG erschloß deshalb insgesamt gesehen Neuland. Zur Vorbereitung der eigenen empirischen Untersuchung wurden die bereits vorliegenden — z.T. verstreuten empirischen Befunde zum BetrVG 1972 analysiert, wobei zusätzliche Quellen wie Äußerungen von Praktikern und Vertretern der betroffenen Wissenschaftsdisziplinen ergänzend hinzugezogen wurden.

Dabei ging es bei der Analyse des vorliegenden Sekundärmaterials insbesondere darum,

- bereits erhobene Erkenntnisse zu systematisieren und für die Hypothesenbildung zu nutzen,
- methodische Hinweise zu prüfen und
- die Betrachtungsperspektiven zu präzisieren.

Aus den bisherigen empirischen Studien im Forschungsfeld Arbeitnehmerpartizipation wurden diejenigen ausgewählt, die Bezüge zur Betriebsverfassung von 1972 aufweisen und grundlegende, übergreifende Ergebnisse bzw. Hypothesen präsentieren.

Die im folgenden referierten Untersuchungen von Potthoff / Blume / Duvernell und Kliemt beziehen sich auf das BetrVG 1952. Dennoch sind deren Ergebnisse auch für unsere gegenwärtige Fragestellung relevant. Sie betreffen grundsätzliche Aspekte.

Potthoff / Blume / Duvernell untersuchten 1962, wie die Organe der Montanmitbestimmung zusammenarbeiten. Ihr Interesse galt speziell dem Wirkungsgrad der Mitbestimmung. Befragt wurden insgesamt 96 Arbeitsdirektoren in der Eisen- und Stahlindustrie. Hinsichtlich unseres Problembereichs bleibt als Ergebnis festzuhalten, daß die Beziehungen zwischen Betriebsrat und Arbeitsdirektor durchweg als gut bezeichnet wurden. Dieser Befund entspricht dem im Betriebsverfassungsgesetz postulierten Harmoniemodell (vgl. Potthoff / Blume / Duvernell [Zwischenbilanz] 1962, 131f.). Von diesem Ergebnis ausgehend wäre in Bezug auf unser Forschungsinteresse damit zu rechnen, daß die Betriebsräte eher gute Beziehungen zur Geschäftsleitung pflegen und andererseits die Geschäftsleitung einer Einbeziehung des Betriebsrats in betriebliche Entscheidungen nicht grundsätzlich negativ gegenübersteht.

Kliemt untersuchte 1971 Informationsprozesse bei 423 Dienstleistungsunternehmen (vgl. Kliemt [Betriebsverfassungsgesetz] 1971). Danach wird „Information“ von den befragten Betriebsräten in zwei Richtungen interpretiert: Zum einen als Information über eigene Rechte als Grundlage ihrer Partizipation, zum anderen als Information über betriebliche Entscheidungsprozesse als Grundlage ihres Einflusses. In diesem Zusammenhang findet sich auch ein interessanter Hinweis auf die Motivation zur Betriebsratstätigkeit. Mehrheitlich hielten sich Betriebsräte für altruistisch motiviert, getragen von einem Gerechtigkeitssinn oder von sozialen Interessen. Angesichts der vorgefundenen vielfach vorherrschenden grundsätzlichen Unzufriedenheiten mit den Verhältnissen im Unternehmen erstaunt es nicht, zu erfahren, daß die Tätigkeit der Betriebsräte hauptsächlich vom eigenen Anspruchsniveau getragen wird. Auch im autonomen Arbeitsschutz bildet die Information über geplante Maßnahmen die Grundlage der Betriebsratsarbeit.

Die folgenden Untersuchungen beziehen sich auf die Zeit nach der Novellierung des BetrVG im Jahr 1972.

Euler untersuchte 1973 und 1977 betriebliche Arbeitskonflikte im Fertigungsbereich eines industriellen Großunternehmens anhand subjektiver und objektiver Kriterien (zur Methodik vgl. Euler [Arbeitskonflikt] 1973, 62-76).

Betriebliche Konflikte werden aus Angaben der Befragten zur Unzufriedenheit und zu Auseinandersetzungen im Betrieb hergeleitet. 70 % der Arbeiter waren danach mit ungünstigen Umgebungseinflüssen (Lärm, Schmutz, Luft) unzufrieden, 47 % mit dem Produktionssoll, 35 % mit der Arbeitsablauforganisation (speziell der Teileversorgung des Arbeitsplatzes) und 34 % mit organisatorischen Kontrollmaßnahmen (vgl. Euler [Arbeitskonflikt] 1973, 91). Die Befunde zu Auseinandersetzungen im Betrieb lassen erkennen, daß die Konfliktlösung typischerweise durch eine Inhalts- und Adressatenverschiebung erfolgt. Man macht zwar mehrheitlich Betriebsräte und Betriebsleitungen für die Unzufriedenheiten verantwortlich, Konflikte entstehen jedoch auf der Ebene der gleichgestellten Mitarbeiter (vgl. Euler [Arbeitskonflikt] 1973, 139-144). Danach werden die Betriebsräte als Vertreter der Interessen der Arbeitnehmer oft nicht eingeschaltet. Man lastet die Verantwortung für Unzulänglichkeiten den Vorgesetzten oder Betriebsräten an. Man wendet sich jedoch vielfach nicht an die Personen, die man verantwortlich macht. Die Probleme werden vielmehr verdrängt und führen zu „Streitigkeiten" mit Kollegen der gleichen Ebene.

Ein eher negatives Urteil über den Betriebsrat insgesamt (wie auch über die Vorgesetzten und die Betriebsleitung) ergibt sich insbesondere in Situationen mit hohem Unzufriedenheitspotential. Negative Arbeitsbedingungen wurden offenbar in hohem Maße den Betriebsräten — und nicht nur der Unternehmensleitung — angelastet. Unzufriedenheiten münden auch in die Forderung nach einer Eröffnung von Wahl- und Entscheidungssituationen (vgl. Euler [Arbeitskonflikt] 1973, 292). Ein erster Hinweis auf die Bedeutung von Partizipationschancen der Betroffenen wird hier ebenso deutlich wie der Anspruch an die Betriebsräte, ihren Einfluß für eine humane Arbeitsgestaltung zu nutzen. Geringe Unzufriedenheitspotentiale fallen in der Studie demgemäß mit einer positiven Beurteilung der Tätigkeit des Betriebsrats zusammen (Euler [Konfliktpotential] 1977, 91).

Aus den Ergebnissen Eulers läßt sich folgern, daß der Umsetzung des autonomen Arbeitsschutzes im Betrieb eine große Bedeutung zukommt. Werden durch die Information und Beratung menschengerechte Arbeitsbedingungen geschaffen, so führt dies automatisch zu weniger Konflikten und einer höheren Zufriedenheit der Mitarbeiter.

Für 1977 liegen zwei empirische Studien vor:

Gege untersuchte die Funktion des Wirtschaftsausschusses nach dem Betriebsverfassungsgesetz. Ein Wirtschaftsausschuß ist in Unternehmen mit mehr als 100 ständigen Arbeitnehmern zu bilden. In diesem Gremium sind regelmäßig (im allgemeinen monatlich) wirtschaftliche Angelegenheiten zu beraten und die Mitglieder des Betriebsrats darüber zu informieren (§ 106 (1) BetrVG). Als wirtschaftliche Angelegenheit sind sieben Unterrichtungs- und Beratungsinhalte festgelegt. In den Punkten 4 (Rationalisierungsvorhaben), 5 (Fabrikations- und Arbeitsmethoden) und 6 (Einschränkung oder Stillegung von Betrieben und Betriebsteilen) von § 106 (3) werden Sachverhalte angesprochen, die direkt oder indirekt die Gestaltung der Arbeit betreffen (vgl. Gege [Wirtschaftsausschuß] 1977, 174-178).

Die tatsächlichen Funktionen des Wirtschaftsausschusses in der Praxis wurden durch eine schriftliche Erhebung mit standardisierten Fragen in insgesamt 138 Unternehmen untersucht (vgl. Gege [Wirtschaftsausschuß] 1977, 205-226). Es zeigte sich, daß in den Beratungen des Wirtschaftsausschusses insgesamt eher Fragen der wirtschaftlichen und finanziellen Lage besprochen wurden als Fragen der Arbeitsgestaltung. Nach den vorliegenden Ergebnissen wurde der Wirtschaftsausschuß meist (86,9 %) auf Initiative des Betriebsrats eingerichtet. Die Informationspflichten der Arbeitgeberseite beurteilten die Mitglieder des Betriebsrats insgesamt als nicht umfassend genug. Als Problem galt auch der Qualifikationsstand der Betriebsräte. Die Einflußmöglichkeiten der Betriebsräte im Wirtschaftsausschuß waren für 54% gegeben, für 8,7% nur teilweise und für 37,3% bestehen sie faktisch nicht. Fast zwei Drittel der Betriebsräte sahen eine konkrete Mitwirkung als möglich an (vgl. Gege [Wirtschaftsausschuß] 1977, 258-260). Die generellen Einflußmöglichkeiten des Betriebsrats auf unternehmerische Entscheidungen in diesem Gremium wurden überwiegend als positiv eingeschätzt. Von zentraler Bedeutung sind für den Betriebsrat die Informations- und Beratungsaktivitäten, wobei in kleineren und mittleren Unternehmen durchaus Probleme gesehen werden.

Die Informationen im Wirtschaftsausschuß werden von den Betriebsräten nicht immer als ausreichend angesehen. Dies wird deshalb bedauert, weil gravierende wirtschaftliche Fragen und insbesondere die Punkte 4, 5 und 6 in § 106, Abs. 3, BetrVG Veränderungen der Arbeitsgestaltung nach sich ziehen. Der Wirtschaftsausschuß ist deshalb in diesem Zusammenhang nicht so sehr im Sinne einer umfassenden Information von Bedeutung. Sein Nutzen für die Betriebsräte erwächst vielmehr aus der Frühzeitigkeit der Information über Investitionspläne.

Die Studie von Bock-Rosenthal / Hackmeister / Sorge befaßte sich 1977 mit der Mitbestimmung am Arbeitsplatz, d. h. der Ebene unterhalb des Betriebsrats. Mitbestimmung am Arbeitsplatz trägt danach durch die Vergrößerung von Entscheidungsspielräumen und durch die Autonomie der Arbeitnehmer zur Humanisierung der Arbeit bei (vgl. Bock-Rosenthal / Hackmeister / Sorge [Mitbestimmung] 1977, 28f.).

Zunächst werden ausgewählte Experten (Funktionäre, Wissenschaftler etc.) anhand eines Leitfadenfragebogens befragt. Interessant erscheinen dabei die Hinweise zur Basisnähe des Betriebsratsgremiums. Die fast einhellige Meinung aller Experten lautet, daß die Betriebsräte in einem Großunternehmen heute nicht mehr in der Lage sind, sich um die Interessen der einzelnen Arbeitnehmer zu kümmern. (Vgl. Bock-Rosenthal / Hackmeister / Sorge [Mitbestimmung] 1977, 162f.). Insbesondere Gewerkschaftsvertreter sehen deshalb eine verstärkte Mitbestimmung am Arbeitsplatz als notwendig an. Für sie gilt dies als Bestandteil einer Humanisierungskonzeption.

Zusätzlich befragte man anhand von Gesprächsleitfäden 12 Mitarbeiter eines montanmitbestimmten Betriebes und 11 Mitarbeiter eines Betriebes, in dem ein

Modellversuch zur Mitbestimmung am Arbeitsplatz lief, über ihre Einstellung zum Betriebsrat.

Die Einstellung zum Betriebsrat konnte als durchweg positiv eingestuft werden. Entfremdungstendenzen wurden kaum festgestellt. Trotzdem kam es zu Konflikten zwischen Betriebsrat und Arbeitnehmern. (Vgl. Bock-Rosenthal / Hackmeister / Sorge [Mitbestimmung] 1977, 186-207) So wurde die Kontrolle erschwerter Arbeitsbedingungen (heiße Arbeit unter Tage) als unzureichend angesehen. Außerdem hatte sich der Betriebsrat über die Mehrheitsmeinung der Belegschaft zu Urlaubsregelungen hinweggesetzt. Er sollte sich nach Meinung der Befragten zusätzlich verstärkt um Belange der Humanisierung der Arbeit kümmern und mehr Zeit für Besprechungen mit der Basis aufwenden.

Die Bürokratisierungs- und Professionalisierungstendenz des Betriebsrats wurden interessanterweise als Hauptproblem angesehen. Hinsichtlich der Betriebsratsarbeit stellten die Forscher fest, daß Konflikte und Probleme sich oftmals aus dem fehlenden Kontakt zwischen Betriebsrat und Arbeitnehmerbasis ergeben: Manchen Betriebsräten wurde eine zögernde Informationspolitik gegenüber der „Basis" unterstellt. Die konsequente Nutzung der Chancen des autonomen Arbeitsschutzes könnte hier entscheidende Verbesserungen bewirken. Probleme resultieren zusätzlich aus der Doppelloyalität der Betriebsräte. Die Betriebsräte sind einerseits den Interessen der Arbeitnehmer verpflchtet, andererseits müssen sie über längere Zeiträume mit der Arbeitgeberseite auskommen.

Die Studie enthält zusätzlich einen Hinweis zum Vorgesetztenverhalten. Die potentielle Chance, daß Mitbestimmung zu Dezentralisierungseffekten führt, wird danach von Vorgesetzten eher ängstlich beurteilt. Insbesondere das Middle-Management scheint Funktions- und Statusverluste zu fürchten. (Vgl. Bock-Rosenthal / Hackmeister / Sorge [Mitbestimmung] 1977, 189-192, 231).

1978 untersuchten Gaitanides / Gottschalk Informationsaktivitäten im Betrieb in Abhängigkeit von Planungsüberlegungen. (Vgl. Gaitanides / Gottschalk [Unterrichtung] 1978).

Anhand strukturierter Interviews wurden Betriebsräte in 51 Unternehmen befragt. Das Forschungssample umfaßte die Branchen Metallindustrie und Druckindustrie mit jeweils zwei Unternehmensgrößenordnungen. Die Metallindustrie wurde gewählt, weil in dieser Branche ein kontinuierlicher Innovationsverlauf die Entwicklung charakterisiert. Dies ließ kontinuierliche Informationsaktivitäten vermuten. Die Druckindustrie ist dagegen von Innovationsschüben geprägt. Daraus entstand die Frage, ob sich unter diesen Bedingungen Unterschiede zur Metallindustrie nachweisen lassen. Die Frage nach dem Informationsverhalten zeigt Abbildung 3.

Insgesamt wurde in dieser Studie das Informationsverhalten der Arbeitgeberseite als unbefriedigend angesehen: Nur 8 % der Betriebsräte fühlten sich rechtzeitig und umfassend informiert. Oftmals mußten die Betriebsräte auch selbst

Abbildung 3:
Informationsverhalten der Arbeitgeberseite

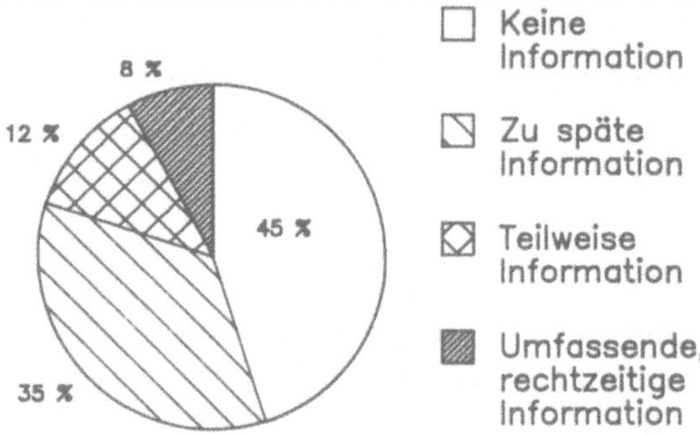

die Initiative zur Einleitung eines Informations- und Unterrichtungsprozesses ergreifen. Informationsdefizite wurden vor allem in den Bereichen Arbeitsverfahren und Arbeitsabläufe festgestellt. Als besonders wichtig galten die Bestimmungen des § 90 BetrVG.

Aufgrund der Untersuchungsbefunde formulierten sie die folgenden Hypothesen (Gaitanides / Gottschalk [Unterrichtung] 1978, 26 f.):

— „Mit zunehmender Unternehmensgröße nimmt auch die Unterrichtung zu. Mit der Unternehmensgröße wird der Grad der Formalisierung von Planungsprozessen sowie die Institutionalisierung der Unterrichtung erhöht, wodurch das Unterrichtungsproblem den § 90 Betriebsverfassungsgesetz generellen Regelungen zugänglich macht.

— Mit zunehmender Komplexität der Planungssituation nimmt das Ausmaß der Unterrichtung ab. Die Komplexität wird einmal hervorgerufen durch das Ausmaß an technologischen Innovationen, die mit den Investitionsentscheidungen verbunden sind, zum anderen durch die Folgen der Investitionen für die Sozialstruktur bzw. Arbeitssituation der Betroffenen."

Bei der organisatorischen Verankerung der Regelungen des autonomen Arbeitsschutzes tritt ebenfalls die Frage des notwendigen und sinnvollen Formalisierungsgrads der Informations- und Beratungsaktivitäten auf. Ebenso ist von Interesse, ob unterschiedliche Mitwirkungsgegenstände zu unterschiedlichen Informationsaktivitäten führen.

Determinanten des Einflußpotentials von Arbeitnehmervertretern und dessen Wirkung auf ökonomische Erfolgsgrößen bei Großunternehmen untersuchte Witte (vgl. zu den folgenden Ergebnissen Witte [Einflußpotential] 1980).

Untersucht wurden 82 selbständige Industrieaktiengesellschaften mit mehr als 2.000 Beschäftigten. Das Einflußpotential der Arbeitnehmer bzw. deren Vertreter läßt sich nach der Untersuchung von Witte über die folgenden sechs Variablen messen:

— Legitimation

Die Legitimation zur Einflußnahme der Arbeitnehmervertreter auf unternehmerische Entscheidungen ergibt sich aus Gesetzen, Verträgen oder Gewohnheitsrechten.

— Position

Die Position kennzeichnet die institutionelle Einbindung der Arbeitnehmervertreter (Betriebsebene, Aufsichtsrat, Konzernebene).

— Rückhalt

Die Variable Rückhalt wurde über die Wahlbeteiligung bei Betriebsratswahlen erhoben.

— Ressourcen

Als Ressourcen galten die Anzahl und Dauer von Freistellungen, die Zahl der haupt- und nebenamtlichen Betriebsratsmitglieder und die gebildeten Ausschüsse.

— Qualifikation

Die Qualifikation der Betriebsräte läßt sich aus ihrer Betriebszugehörigkeit und ihrem beruflichen Profil im Normalberuf herleiten.

— Gewerkschaftseinfluß

Als bestimmend für den Gewerkschaftseinfluß wurde der Organisationsgrad herangezogen.

Zunächst wurden die Potentiale im einzelnen quantifiziert. In einem zweiten Schritt galt es dann, deren realisierten Einfluß festzustellen. Als wichtigstes Ergebnis für unsere Fragestellung bleibt festzuhalten:

Rückhalt und Qualifikation können nicht als bestimmend für den tatsächlichen Einfluß der Arbeitnehmervertreter angesehen werden. Als relativ stark wirkende Potentialvariablen haben sich dagegen die Legitimation, das Einwirken der Gewerkschaften, die Arbeitnehmerposition und die Ressourcen erwiesen. Die Reihenfolge entspricht einer abnehmenden Stärke des Zusammenhangs.

Im Sinne unserer Untersuchung müßte dies bedeuten, daß die Wichtigkeit der §§ 90, 91 BetrVG hoch eingeschätzt wird, da sie die Legitimationsbasis im Sinne der Definition von Witte stärken.

Kotthoff untersuchte 1981 die konkreten Partizipationsmuster in 63 repräsentativ ausgewählten Betrieben. Er ging von einer prinzipiellen Ambivalenz von Konflikt und Kooperation im Partizipationsprozeß zwischen Betriebsrat und

Arbeitgeber aus. Es wurden die Partizipationsintensität und der Partizipationserfolg unterschieden. Die Datenerhebung erfolgte mit gleichen Fragebögen auf Arbeitgeber- und Betriebsratsseite, und zwar anhand narrativer Interviews. Als Ergebnis konnten sechs typische Partizipationsmuster herauskristallisiert werden (vgl. Kotthoff [Betriebsräte] 1981, 248-254).

Ordnet man die Typen nach den Kriterien Partizipationsintensität bzw. Partizipationserfolg, so steigt die Intensität von Typ 1 zu Typ 6 stetig an (siehe Abbildung 4). Über den Erfolg der Partizipation im Sinne einer Umsetzung der im Betriebsverfassungsgesetz vorgesehenen Inhalte ließ sich jedoch keine Aussage treffen.

Abbildung 4:
Partizipationsmuster zwischen Betriebsrat und Arbeitgeber

Typ 1:	Der ignorierte Betriebsrat
Typ 2:	Der isolierte Betriebsrat
Typ 3:	Der Betriebsrat als Organ der Geschäftsleitung
Typ 4:	Der respektierte, zwiespältige Betriebsrat als Ordnungsfaktor
Typ 5:	Der respektierte, standfeste Betriebsrat
Typ 6:	Der Betriebsrat als kooperative Gegenmacht

Untersucht man den Zusammenhang zwischen den einzelnen Typen und verschiedenen Strukturvariablen, so lassen sich zwei Gruppen bilden. Die Partizipationstypen 1 bis 3 finden sich insbesondere

— in Kleinunternehmen (bis 300 Mitarbeiter),

— in Eigentümerunternehmen und

— in Unternehmen mit einem geringen Anteil an Vertrauensleuten.

Die Partizipationstypen 4 bis 6 zeigen sich generell

— in größeren Unternehmen (ab 300 Mitarbeiter),

— in Kapitalgesellschaften sowie

— in Unternehmen mit hohem Anteil an Vertrauensleuten.

In der weitergehenden Interpretation der Ergebnisse kommt Kotthoff zu folgenden Aussagen (vgl. Kotthoff [Betriebsräte] 1981, 256-269):

- Grundlage einer vertretungswirksamen Partizipation der Betriebsräte ist deren Wille zu partizipieren, d. h. eine positive Einstellung zur Partizipation generell.
- Die Entstehung von Partizipationswillen setzt „Deutungsmuster" voraus, die die bestehende Ordnung als veränderungsbedürftig und veränderbar interpretieren.
- Die Umsetzung von Partizipationswillen in Vertretungsmacht hat zur Voraussetzung, daß auch die Vertretenen an Veränderungen interessiert sind.
- Als wichtigstes Medium für die Einbeziehung der Belegschaft selbst in die Partizipationsprozesse werden die Vertrauensleute genannt.
- Für die Geschäftleitungen bildet die vertrauensvolle Zusammenarbeit die wichtigste Grundlage einer Partizipation der Betriebsräte an Entscheidungen.
- Die Hierarchisierung des Betriebsrats wirkt sich negativ auf die Betriebsratsarbeit aus.

Partizipationsprozesse können danach als insbesondere von historisch gewachsenen Strukturen im Unternehmen geprägt angesehen werden. Sie unterscheiden sich außerdem bei Unternehmen unterschiedlicher Größenordnungen und sind von dem bei Betriebsrat und Belegschaft empfundenen Veränderungsbedarf bestehender Strukturen abhängig. Die genannten Grundvoraussetzungen einer vertretungswirksamen Partizipation lassen sich auf den autonomen Arbeitsschutz übertragen. Sie sind deshalb für die Hypothesenbildung unserer Studie von besonderer Bedeutung.

Für 1983 liegen zwei Studien vor.

Wilpert / Rayley befragten in zehn Unternehmen der Metallindustrie 545 Mitarbeiter und 83 Betriebsräte. Ihre Befunde lassen insgesamt auf eine Lücke zwischen den Betriebsverfassungsnormen und der Wirklichkeit schließen. Die empfundene Entscheidungsbeteiligung wird sehr unterschiedlich eingeschätzt, und zwar teilweise als recht intensiv (Arbeitszeitregelungen), teilweise jedoch als nur geringfügig. Wilpert / Rayley konstatieren deshalb „merkwürdige Widersprüche" und sehen große Unterschiede zwischen den gegebenen Rechtsnormen und der Normerfüllung. Insbesondere im Bereich der „schwächeren" Betriebsratsrechte werden Informationsdefizite gesehen. Für die Unterschiede in den Partizipationsprozessen machen sie die Professionalisierung und Spezialisierung der Betriebsräte, die gewisse Präferenzen entstehen lassen, verantwortlich. Eine Erkärungsmöglichkeit wird darin gesehen, daß Betriebsräte aus wahltaktischen Gründen (Ziel der Wiederwahl) arbeitsplatznahe und direkte mitarbeiterbezogene Aktivitäten der Einflußnahme auf längerfristige Maßnahmen vorziehen. Interessant ist dabei der Gegensatz zu den Wünschen der Betroffenen. 82,2% der befragten Arbeitnehmer wünschen eine Einflußnahme des Betriebsrats auf die Arbeitsbedingungen. (Vgl. Wilpert / Rayley [Mitbestimmung] 1983, 48-57). Dieses Ergebnis unterstreicht die Wichtigkeit der Regelungen des autonomen Arbeitsschutzes aus der Sicht der Arbeitnehmer. Da arbeitsorganisatorische Regelungen oft sehr lange unverändert bestehen und Änderungen einen langen Vorlauf haben, unterstreicht dies die Bedeutung einer langfristig ausgerichteten Betriebsratsarbeit.

Welche Folgen die Mitbestimmung für die Fortschrittsfähigkeit von Unternehmen hat, untersuchten Kirsch / Scholl (vgl. Kirsch / Scholl [Mitbestimmung] 1983). Ihre Untersuchung zielte auf zwei Themenbereiche ab: Erstens auf den Einfluß der Partizipation auf die Personalplanung und -politik, zweitens auf die Investitionsplanung und -politik. Einbezogen wurden Kapitalgesellschaften mit mehr als 500 Beschäftigten aus acht Branchen. Bei 9 % der Unternehmen antworteten sowohl die Unternehmensleitung als auch der Betriebsrat.

Ziel war es festzustellen, wie die Entscheidungsfähigkeit der Unternehmensleitung sowohl in der Phase der Entscheidung als auch in der Phase der Durchsetzung beeinflußt wird. Interessanterweise stieg die Entscheidungsfähigkeit mit zunehmender Partizipation. „Je häufiger Gespräche zwischen Arbeitgeber und Betriebsrat stattfinden, um so weniger ist die Entscheidungsfähigkeit gefährdet." (Vgl. Kirsch / Scholl [Mitbestimmung] 1983, 550). Die versuchte Ausnutzung der Entscheidungsmacht durch die Unternehmensleitung gefährdet dagegen sowohl Entscheidungs- als auch Durchsetzungsmöglichkeiten.

Entsprechendes kann sicher für den autonomen Arbeitsschutz angenommen werden. Setzt der Arbeitgeber Entscheidungen einseitig durch, d. h. verändert er organisatorische Strukturen, so ist mit erheblichen Widerständen bei den Betroffenen zu rechnen. Eine Entscheidungsbeteiligung verlängert zwar oft den Entscheidungsprozeß; dies dürfte jedoch in vielen Fällen in der Durchsetzungsphase wieder aufgeholt werden (ein anschauliches Beispiel ist das Ringi-System in Japan).

Staehle / Osterloh untersuchen 1985 insbesondere Informationsprozesse zwischen Managern und Betriebsräten in 40 deutschen Unternehmen aus fünf Branchen. Dabei ergaben sich sehr unterschiedlich gehandhabte Informationsaktivitäten. Interessant war, daß für Unterschiede im Informationsprozeß nicht Kontextfaktoren wie Unternehmensgröße, Rechtsform, Branche, Standort etc. verantwortlich zu sein scheinen, sondern der konkrete Informationsgegenstand. So waren Qualität und Quantität der Information bei Sachinvestitionen am höchsten und nahmen bei größeren Projekten wie der Stillegung von Unternehmensteilen ab. Am geringsten war die Information der Betriebsräte bei personellen Reorganisationsmaßnahmen und der Einführung von elektronischen Personalinformationssystemen. Ähnlich wie bei Kotthoff lautet das Gesamtergebnis, daß das Partizipationsklima als das historisch gewachsene Verhältnis zwischen Management und Betriebsrat von ausschlaggebender Bedeutung ist. (Vgl. Staehle /

Osterloh [Betriebsräte] 1985, eine ausführliche Darstellung der Ergebnisse ist für Anfang 1990 angekündigt). Für unsere Studie würde dies bedeuten, daß auf Unterschiede bei den in § 90 BetrVG genannten Gegenstandsbereichen zu achten ist.

Aus den bisherigen empirischen Studien ergeben sich für uns die folgenden methodischen Konsequenzen:

In methodischer Hinsicht ist unser Forschungsfeld durch eine Vielfalt empirischer Vorgehensweisen gekennzeichnet. Dies gilt für

— den Aufbau der Fragebögen,

— die Befragten,

— den Stichprobenumfang sowie

— die einbezogenen Unternehmen nach Branche und Größe.

Die in den geschilderten Untersuchungen benutzten Fragebögen weisen das gesamte zur Verfügung stehende Instrumentarium der Fragebogengestaltung auf (narrative Interviews, teil-standardisierte Fragebögen, standardisierte Fragebögen, Mischformen). Daraus läßt sich ablesen, daß keine spezifische Form der Befragung methodisch zwingend erscheint. Bestimmend ist vielmehr das konkrete Problem und der Zugang zum Forschungsfeld.

Als Befragte wurden bislang sowohl unternehmensinterne und -externe Experten befragt, ebenso wie Betriebsräte, Betriebsratsvorsitzende, Arbeitsdirektoren oder die betroffenen Arbeitnehmer selbst. Besonders interessant ist die teilweise Gegenüberstellung der Meinung verschiedener Gruppen im Unternehmen. Ein Abgleich über eine Pärchen-Befragung erscheint bei Fragen der Entscheidungsbeteiligung besonders vielversprechend.

Der Stichprobenumfang reicht von Einzelfallstudien bis zu umfangreichen Untersuchungen (545 Arbeitnehmer bei Wilpert / Rayley). Kennzeichnend für alle Studien ist, daß ein gewisse Repräsentativität — zumindest für eine Branche oder ein Problemfeld — angestrebt wird.

Hinsichtlich der einbezogenen Unternehmen wurden sowohl Einzelbranchen untersucht wie auch übergreifende Studien durchgeführt. Ebenso existieren Unterschiede nach den einbezogenen Unternehmensgrößenklassen.

In inhaltlicher Hinsicht liegen teilweise widersprüchliche Ergebnisse vor. Sofern Informations- und Beratungsaktivitäten einen Bezug zum autonomen Arbeitsschutz aufweisen, werden sie in sehr unterschiedlicher Tiefe und Breite innerhalb der einzelnen Studien berücksichtigt. Als wichtigste Ergebnisse für unsere Studie sind folgende Befunde festzuhalten:

— Die grundsätzliche Haltung zwischen Unternehmensleitung und Betriebsrat und zu betriebsverfassungsrechtlichen Regelungen muß als insgesamt positiv angesehen werden. Die Auffassungsunterschiede betreffen Sachfragen bzw. konkrete Mitwirkungsgegenstände.

— Grundlage jeder Mitwirkung ist die Information des Betriebsrats. Diese löst sein Tätigwerden aus. Im Informationsverhalten der Arbeitgeberseite werden die größten Defizite gesehen. Dies gilt jedoch nur für bestimmte Sachfragen, insbesondere wirtschaftlicher Art, welche die langfristigen Projekte und Vorhaben größeren Umfangs betreffen. Hier scheinen die Arbeitgeber zu einer eher späten Information zu neigen.

— Der konkrete Einfluß der Betriebsräte hängt insbesondere vom einzelnen Mitbestimmungs- bzw. Mitwirkungsrecht ab. Hinzu kommt dessen Einbettung in ein Normensystem. Der autonome Arbeitsschutz ist hier in seiner Verknüpfung mit dem gesetzlichen Arbeitsschutz zu sehen; z. B. unter Berücksichtigung der Schnittstelle zu echten Mitbestimmungsrechten des BetrVG in § 87.

— Von besonderer Bedeutung ist auch die Verzahnung der Betriebsratsarbeit über verschiedene Gremien, wie z. B. den Wirtschaftsausschuß oder den Konzernbetriebsrat.

— Doch auch die Betriebsräte blieben nicht unkritisiert. Aus Arbeitgebersicht wird ihnen teilweise vorgeworfen, Partialinteressen zu vertreten. Insbesondere die Professionalisierung und Bürokratisierung der Betriebsratsarbeit sowie das Problem der „Doppelloyalität" führen zu Kritik durch die Belegschaft. Gerade die Belegschaft macht den Betriebsrat für Fragen der Arbeitsgestaltung verantwortlich und sieht hier eine der Hauptaufgaben ihrer Interessenvertreter.

C. Aufbau und Methodik des eigenen Pretests

Unsere eigene Untersuchung begann im Juli / August 1982 mit einem Pretest in ausgewählten Unternehmen der hessischen Metallindustrie. Bei der Formulierung der Ausgangshypothesen für die Voruntersuchung konnten wir uns deshalb nur auf die bis zu diesem Zeitpunkt publizierten Untersuchungsbefunde stützen.

Betrachtet man die oben referierten empirischen Befunde, so zeigt sich sowohl hinsichtlich der erhobenen Erkenntnisse wie auch in methodischer Hinsicht eine außerordentliche Vielfalt der Ansätze. Trotzdem haben wir einige allgemeine Arbeitshypothesen zu formulieren versucht, die für die Entwicklung des eigenen Ansatzes von Bedeutung waren. Diese werden später — nach der Auswertung der Pretestergebnisse — zu modifizieren sein.

Insgesamt scheinen die Partizipationsaktivitäten von der historischen Entwicklung, dem betroffenen Gegenstandsbereich, der Unternehmensgröße und den konkreten Aktivitäten der Betriebsräte (z. B. der Einbringung von Fragen in verschiedenen Gremien sowie der Qualifikation in Sachfragen) abhängig zu sein. Die Auswertung der vorliegenden Untersuchungen ließ folgende Ausgangshypothesen als plausibel erscheinen:

Hypothese 1:

Das Verhältnis zwischen Arbeitgeber und Betriebsrat ist tendenziell harmonisch ausgerichtet, wird aber stark von der historischen Entwicklung im Einzelfall geprägt.

Hypothese 2:

Betriebsräte empfinden vielfach noch beträchtliche Informationsdefizite.

Hypothese 3:

Der Umfang der Information durch die Arbeitgeberseite ist abhängig vom betroffenen Gegenstandsbereich. (In arbeitsplatznahen Fragen wird umfassend informiert, in übergeordneten Fragen dagegen nur spärlich; in sozialen Fragen wird umfassender informiert als in personellen oder wirtschaftlichen Fragen.)

Hypothese 4:

Fragen der Arbeitsgestaltung werden in den klassischen Organen des Betriebsverfassungsgesetzes (z. B. im Wirtschaftsausschuß) nur unzulänglich diskutiert.

Hypothese 5:

Die zunehmende Professionalisierung der Betriebsräte wird von den Mitarbeitern als nachteilig empfunden.

Hypothese 6:

In kleinen und mittleren Unternehmen hat der Betriebsrat einen schwereren Stand bei der Durchsetzung seiner Interessen als in Großunternehmen.

In dem Pretest ging es darum, erste Erkenntnisse über die praktische Anwendung des BetrVG im Hinblick auf die §§ 90, 91 zu erhalten. Zu diesem Zweck wurden sechs Betriebsräte und zwei Vertreter von Unternehmensleitungen (Personalchefs) lokaler Firmen in Frankfurt am Main befragt. Die Auswahl der Interviewpartner orientierte sich vorrangig an Informationen der Humanisierungs-Beratungsstelle der IG-Metall Frankfurt. Dies begründet das Übergewicht der Arbeitnehmervertreter in der Vorbefragung.

Die offenen Rechtsnormen der §§ 90, 91 BetrVG wurden entsprechend unserem Forschungsziel in verschiedene Problemkreise zerlegt. Die einzelnen Fragenkomplexe haben wir in einem Gesprächsleitfaden zusammengestellt, der auf der Basis der in der Literatur genannten betriebsverfassungsrechtlichen Problembereiche entwickelt wurde. Die Befragung erfolgte jedoch nicht schematisch, sondern in der Form „narrativer" Interviews. Diese Erhebungsmethodik ist insbesondere im Vorfeld detaillierter Befragungen von Vorteil, da so vermieden wird, durch Vorstrukturierungen empirische Aussagen zu beeinflussen sowie mögliche Fragenkomplexe vorab auszuklammern. (Vgl. Kubicek [Organisationsforschung] 1975, 59f. und 111). Auf diese Weise erhalten die Befragten Gelegenheit, ausgehend von ihren praktischen Erfahrungen, in freier Form über die Praxis einer humanen Arbeitsgestaltung zu berichten. Diese Vorgehensweise wird mit vielfältigen wertvollen Zusatzinformationen belohnt, die bei einem rein schematischen Vorgehen nicht weitergegeben worden wären. Die Struktur der Betriebe im Pretest zeigt Abbildung 5.

Abbildung 5:
Struktur der Betriebe im Pretest

Branchen:	
Elektroindustrie	2
Automobilindustrie	2
Metallverarbeitende Industrie	2
Betriebsgrößen:	
Bis 2.000 Mitarbeiter	2
Mehr als 2.000 Mitarbeiter	4
Organisationstypen der Fertigung:	
Massenproduktion	2
Sortenfertigung	2
Einzelfertigung	1
Vertriebsorganisation	1

Alle befragten Betriebe gehören zum Arbeitgeberverband der hessischen Metallindustrie, obwohl sie in durchaus unterschiedlichen Geschäftsfeldern tätig sind. Die Mitgliedschaft im Verband hat historische Wurzeln und spiegelt nicht unbedingt die aktuelle Branchenzugehörigkeit wider.

Es wurden zwei Gesamtbetriebsratsvorsitzende, ein stellvertretender Gesamtbetriebsratsvorsitzender und drei Betriebsratsvorsitzende interviewt. Die zwei befragten Arbeitgebervertreter hatten die Position von Personalleitern inne. Die Ergebnisse des Pretests wurden protokolliert und zu Obergesichtspunkten verdichtet. Die unterschiedliche Struktur der Aussagen bei der Darstellung der Ergebnisse für die Betriebsräte und Arbeitgeber ergab sich aus den frei formulierten Antworten der Befragten.

D. Ergebnisse des Pretests

1. Die Meinung der Betriebsräte

Die in den Pretest einbezogenen sechs Arbeitnehmervertreter äußerten sich insbesondere zu organisatorischen Aspekten und zu Informationsproblemen. Auch das Verhältnis konkurrierender Betriebsratsgruppen wurde in den Interviews angesprochen, da es Hinweise darauf gibt, daß ein Trend zur Listenbildung bei Betriebsratswahlen zu verzeichnen ist.

Eine Listenbildung, d. h. ein Auftreten verschiedener Betriebsratsgruppen bei den Betriebsratswahlen, wird als Tendenz zur Entsolidarisierung der Betriebsratsarbeit durch sich neu zur Wahl stellende Arbeitnehmer bzw. Interessengruppen bezeichnet. In der Auswertung bildeten sich die folgenden Problemkreise heraus:

— Organisatorische Aspekte.

— Das Verhältnis des Betriebsrats zu ausgewählten Interessengruppen.

— Die Kommunikationsbeziehungen zwischen Arbeitgeber und Betriebsrat.

— Die Beurteilung der Informationsaktivitäten.

— Die Rechtzeitigkeit der Information.

— Die Interpretation der §§ 90, 91 BetrVG.

a) Organisatorische Aspekte

(1) Die Aufbaustruktur des Betriebsratsgremiums

Bei den Interviews im Rahmen der Pilotphase stießen wir recht bald auf einen bemerkenswerten organisatorischen Tatbestand: eine frappierende Ähnlichkeit der Betriebsratsorganisation mit der Firmenstruktur. Die Aufbaustruktur der Betriebsräte erwies sich als ein Spiegelbild des Betriebs bzw. Konzerns. Parallel zur Unternehmenshierarchie stießen wir auf eine ausgeprägte Betriebsrätehierarchie mit ähnlichen Rollenverteilungen wie im Managementbereich. Ausgelöst werden diese Tendenzen offensichtlich durch die differenzierte Untergliederung bei den Betriebsräten selbst. Die Hierarchie entspricht dem Status der Betriebsräte, der sich am Grad der Freistellung festmachen läßt (nicht freigestellte Betriebsräte sowie freigestellte Betriebsräte — auf Abteilungsleiterebene bzw. Betriebsleiterebene — und freigestellte Gesamtbetriebsräte — auf der Konzernebene —.) Obwohl sich der Betriebsrat als Gesamtgremium sieht, wurden Tendenzen eines ausgeprägten hierarchischen Denkens festgestellt, insbesondere in den Großunternehmen. Seinen Ausdruck findet dieses Denken vor allem in der Art und Weise der internen Entscheidungsbildung, in einem differenzierten Rollenverständnis und im Verhalten des Betriebsrats nach außen.

(2) Die Entscheidungsbildung innerhalb des Betriebsratsgremiums

Unterschiede ergaben sich auch bei der Entscheidungsbildung innerhalb des Betriebsratsgremiums. Eine interessante Tendenz entdeckten wir bei der Durchführung des Pretests in dem untersuchten mittleren Unternehmen und in der Vertriebsgesellschaft. Dort wurden zwar alle Beschlüsse gemeinsam von allen Betriebsräten verabschiedet. Hinsichtlich spezieller Aufgabenstellungen (Betriebssicherheit, personelle Angelegenheiten, Humanisierung) bestand jedoch eine ausgeprägte Aufgabenteilung im Vorfeld der Entscheidung: Einzelne Betriebsräte hatten sich auf die genannten Aufgaben spezialisiert. Die vorgenommene Rollenverteilung und Aufgabendelegierung erfolgte nach ähnlichen Mustern, wie sie für jede formale Organisation zutreffend sind: nach dem Gewicht und der Bedeutung der zu lösenden Probleme, den Fähigkeiten und Neigungen der einzelnen Betriebsräte sowie in formalisierter Weise (Schriftform; Einsatz standardisierter Formulare). In den untersuchten Großunternehmen wurden Einzelentscheidungen an Ausschüsse delegiert. Die Anzahl der Ausschüsse richtete sich nach der Unternehmensgröße. Von den Ausschüssen getroffene Entscheidungen wurden vom gesamten Betriebsrat übernommen. Organisationstheoretisch gesehen handelte es sich also um Entscheidungskollegien. Die Ähnlichkeit mit der Betriebsorganisation kommt vor allem im Formalisierungsgrad und in der Publizitätsform der Ausschußarbeit zum Ausdruck.

(3) Das Wahlverfahren

Die Betriebsratswahl stellte sich hinsichtlich des angewendeten Verfahrens recht einheitlich dar. Außer in dem untersuchten Mittelbetrieb wird in allen Betrieben durch Listenwahl gewählt. Die Betriebsräte sind jedoch insgesamt für die Persönlichkeitswahl und bedauern es, daß Randgruppen oder andere Gewerkschaften mit eigenen Listen auftreten. Durch die Listenwahl werden ihrer Meinung nach leicht politische Argumente in den Wahlkampf eingebracht und andere externe Interessen in das Unternehmen getragen, welche die Beziehung Arbeitgeber / Betriebsrat belasten und einer effizienten Betriebsratsarbeit abträglich sein können.

(4) Amtsdauer und Freistellungen

Von Interesse insbesondere hinsichtlich der Professionalisierung war die Amtsdauer und Zahl der Freistellungen von Betriebsräten. Die Betriebsräte der in das Pretestsample aufgenommenen Unternehmen waren überwiegend lange im Amt. Es scheinen zumindest auf der Ebene des Vorsitzenden nur erfahrene Betriebsräte tätig zu sein. Deren Amtsdauer betrug zwischen 10 und 30 Jahren. Die Problematik der nach langer Betriebsratsarbeit erschwerten Rückkehr in den alten Beruf wird zwar von den Betriebsräten gesehen. Bedingt durch die Listenwahl und durch die mangelnde Bereitschaft in der Belegschaft, für das Betriebsratsamt zu kandidieren, sieht man das Wiederwahlrisiko insgesamt jedoch als gering an. Dies kann als Indiz einer langsamen Entwicklung vom Betriebsrat als Interessenvertretung hin zu einem „Gegenmanagement“ (Betriebsrat eines großen Automobilherstellers) gewertet werden. Ein Trend zur Professionalisierung der Betriebsratstätigkeit scheint generell zu bestehen. Es zeichnen sich hier ähnliche Entwicklungsmuster wie im Management selbst ab. Der fachliche Experte wird offensichtlich auf breiter Ebene immer stärker gefragt.

b) Das Verhältnis des Betriebsrats zu ausgewählten Gruppen

(1) Das Verhältnis Betriebsrat / Arbeitnehmer

Für alle Betriebsräte stehen nach eigenen Aussagen die Interessen der Arbeitnehmer im Vordergrund ihrer Arbeit. Das Verhältnis zu den Arbeitnehmern wird jedoch offenbar von deren Organisationsgrad mit beeinflußt. Ein hoher Organisationsgrad (hoher Anteil von Gewerkschaftsmitgliedern im Betrieb) geht mit engeren Beziehungen der Mitarbeiter zum Betriebsrat einher. Als wichtigste Kontaktmöglichkeit zur Belegschaft wurden von den Betriebsräten die täglichen Gespräche genannt, zu denen die Mitarbeiter den Betriebsrat aufsuchen oder die anläßlich von Betriebsrundgängen geführt werden. Von Seiten der Betriebsräte kommen die schriftlichen Betriebsratsinformationen (Aushänge, Broschüren) hinzu. Die Arbeitnehmer richten vielfach Einzelrückfragen an den Betriebsrat, wenn im Betrieb etwas verändert werden soll. (Typische Fragestellung: „Bei uns sind Handwerker angerückt. Was wird da umgebaut?“. Ein Betriebsrat nannte dies seine „Buschtrommel“, die ihn besser informiere als all die offiziellen Informationskanäle.).

(2) Das Verhältnis Betriebsrat / Arbeitgeber

Das Betriebsrat / Arbeitgeberverhältnis bewerten die Befragten unterschiedlich, was mit dem Arbeitgeberverhalten und der historischen Entwicklung begründet wird. Es reicht von echter Kooperation (zwei Betriebe) über gute gegenseitige Akzeptanz (zwei Betriebe) bis zu eher gespannten Verhältnissen (zwei Betriebe). Die Unterschiede haben sich offenbar in der historischen Entwicklung der Zusammenarbeit zwischen den Betriebspartnern verfestigt. Als Einflußfaktoren wurden insbesondere die Grundhaltung der beiden Seiten zueinander und die Einstellung des Arbeitgebers zur betrieblichen Interessenvertretung generell genannt.

(3) Das Verhältnis Betriebsrat / Gewerkschaften

Alle Betriebsräte der Umfrage waren gewerkschaftlich organisiert. Allerdings treten nach eigenen Aussagen die Gewerkschaftsinteressen in der täglichen Arbeit zurück. Der Kontakt zur Gewerkschaft wird zur Informationsbeschaffung für die Betriebsräteschulung genutzt. Des weiteren wird das „Drohpotential“ geschätzt, das die Einschaltung der Gewerkschaft bzw. deren Sachverständigen oder Juristen bei betrieblichen Problemen darstellt. Geht es um betriebliche Belange, so wird teilweise sogar eine von der Gewerkschaftsmeinung abweichende Haltung vertreten. Trotz der betonten Solidarität ist man z.T. nicht mit geplanten Arbeitskampfmaßnahmen einverstanden. Betriebsräte sehen tendenziell die Interessen des eigenen Betriebes und damit „ihrer“ Arbeitnehmer im Vordergrund.

(4) Das Verhältnis Betriebsrat / Vertrauensleute

Die Vertrauensleute sind die direkten Vertreter der Gewerkschaften im Betrieb. Nur in dem untersuchten Vertriebsunternehmen besteht nach Aussagen des Betriebsrats ein eher gespanntes Verhältnis. In allen anderen Betrieben ist der Betriebsrat stolz auf die gute Zusammenarbeit mit den Vertrauensleuten. Sie werden als direkte Unterstützung der Betriebsratsarbeit an der Basis angesehen. Die Vertrauensleute verstärken außerdem den Rückhalt des Betriebsrats in der Belegschaft und begründen so einen Machtzuwachs der Arbeitnehmervertreter. In einem Unternehmen waren die betrieblichen Vertrauensleute teilweise stundenweise freigestellt, was auf eine sehr positive Einstellung der Arbeitgeberseite zur betrieblichen Interessenvertretung hindeutet.

c) Kommunikationsbeziehungen zwischen Arbeitgeber und Betriebsrat

Der Grad der vertrauensvollen Kooperation beeinflußt selbstverständlich die Informationsprozesse zwischen den beiden Parteien. Grundsätzlich erfolgen die Informationen und auch die Übermittlung der nachfolgenden Problemlösung auf den einzelnen Hierarchiestufen. Können Probleme nicht gelöst werden, z. B. zwischen Betriebsrat / Meister oder Betriebsratsvorsitzendem / Personalleiter, so wird die nächst höhere Ebene eingeschaltet. Die gesetzlich vorgeschriebenen Informationen gehen von der Geschäftsleitung (bzw. deren Vertreter) direkt an das Betriebsratsgremium. Die Informations- und Problemlösungsstruktur zwischen Arbeitgeber und Betriebsrat ist in Abbildung 6 dargestellt.

Abbildung 6:
Informations- und Problemlösungsstruktur zwischen Arbeitgeber und Betriebsrat

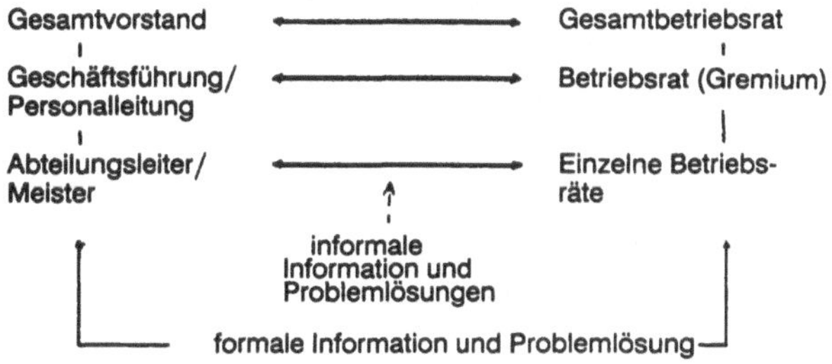

Bevorzugt werden informelle Problemlösungen angestrebt. Können Probleme auf dieser Basis, z. B. zwischen Meister / Betriebsrat, nicht gelöst werden, so wird der formale Weg beschritten. An dieser Stelle stießen wir bereits auf einen generellen Sachverhalt, der uns in der Hauptuntersuchung noch näher beschäftigen sollte: die vielfachen informellen Abstimmungen zwischen der Arbeitgeberseite und dem Betriebsrat bzw. Betriebsratsvorsitzenden im Vorfeld der unternehmerischen Entscheidungsbildung. Allerdings ergibt sich hier auch ein Ansatzpunkt für mögliche Konflikte zwischen dem Betriebsrat und seiner Gewerkschaft bzw. dem betroffenen Arbeitnehmer, auf die ebenfalls später noch im einzelnen zurückzukommen sein wird.

d) Generelle Beurteilung der Informationsprozesse

Von den Betriebsräten werden drei Arten von Arbeitgeberinformationen unterschieden:

1. Gesetzesinduzierte Informationen.
2. Betriebsratsinduzierte Informationen.
3. Unternehmensinduzierte Informationen.

Die „Gesetzesinduzierte Information" wird von einem Betriebsratsvorsitzenden so charakterisiert: „Überall, wo die „Nichtinformation" Geld kosten könnte, kommt die Unternehmensleitung ihren gesetzlichen Verpflichtungen nach." Dort sind die Informationsprozesse nach Auskunft der Befragten formalisiert und funktionieren zur Zufriedenheit der Betriebsräte, wie beispielsweise im Bereich der personellen Angelegenheiten. Bei den anderen Unterrichtungspflichten (z.B. zu § 90) nehmen es die Unternehmen nach Ansicht der befragten Betriebsräte nicht so genau. Man begnüge sich mit den Minimuminformationen und warte, ob der Betriebsrat nachfrage. Es bestehen aber offensichtlich Unterschiede in der Informationsqualität, die vom generellen Verhältnis Arbeitgeber / Betriebsrat beeinflußt sind.

Unter einer „Betriebsratsinduzierten Information" wird verstanden, daß sich die Betriebsräte Zusatzinformationen selbst beschaffen oder beim Arbeitgeber eine umfassendere Information durchsetzen müssen. Insbesondere in Fragen unternehmenspolitischer Brisanz wurden unzureichende Informationen gerügt.

Eine „Unternehmensinduzierte Information" wird als freiwillige Information der Arbeitgeberseite mit oftmalig manipulativem Charakter angesehen. Eine Information über bevorstehende Entlassungen werde beispielsweise lanciert, um freiwillige Kündigungen auszulösen oder den Betriebsrat für personelle Fragen zu sensibilisieren.

Zusammenfassend kann die Meinung der Betriebsräte in der Weise wiedergegeben werden, daß in Fragen der personellen Angelegenheiten die Informationsprozesse generell geregelt sind und im allgemeinen auch zur Zufriedenheit aller Beteiligten ablaufen. Bei allen anderen Unterrichtungspflichten sieht man eher eine restriktive Haltung der Arbeitgeberseite, was auch mit der Schwäche der Folgerechte (teilweise nur Mitwirkungsrechte) begründet wird.

e) Rechtzeitigkeit der Information

Die Betriebsräte sind generell an einer frühzeitigen Einbeziehung in die betrieblichen Entscheidungsprozesse interessiert, um vor allem auch Gerüchten in der Belegschaft vorzubeugen. So kommt es z. B. vor, daß Belegschaftsmitglieder beim Betriebsrat anfragen, welchem Zweck denn beobachtete Baumaßnahmen dienten. Ist der Betriebsrat dann nicht informiert, können aufkommende Gerüchte nicht unterbunden werden, was letztlich nicht im Sinne einer rationalen Informationspolitik des Unternehmens sein kann. Allerdings ist der Informationszeitpunkt nur schwer exakt zu bestimmen. Er hängt offenbar stark vom zu regelnden Sachverhalt ab. Grundsätzlich neigen Unternehmen nach Aussagen der Betriebsräte dazu, in belanglosen Dingen und dort, wo eine zu späte Information Geld kosten könnte, frühzeitig zu informieren, in allen Fragen mit „politischer“ Bedeutung (z. B. Einsatz von Bildschirmgeräten und Produktionsverlagerungen) dagegen möglichst spät den Betriebsrat einzubeziehen. Dem Zusammenhang von Sachverhalt und Informationszeitpunkt ist somit besondere Bedeutung beizumessen, zumal eine frühzeitige Information positive Koordinationseffekte (Gerüchtevermeidung) zeitigen kann.

Auch in der Beurteilung der Informationszeitpunkte zeigten sich Hierarchisierungstendenzen. Die Vorsitzenden des Betriebsrats werden zuerst informiert und halten sich auch für am besten informiert. Sie geben die Informationen in der Regel „nach unten“ weiter, bewahren sich aber teilweise offenbar ein Informationsmonopol.

f) Die generelle Interpretation der §§ 90, 91 BetrVG

Die §§ 90, 91 BetrVG wurden bisher nach Aussage der Befragten eher pragmatisch gehandhabt. In Auslegungsfragen greift man auf die eigene Anschauung (den „gesunden Menschenverstand“) oder auf Gewerkschaftsinformationen zurück (z. B. hinsichtlich gesicherter arbeitswissenschaftlicher Erkenntnisse). Generell wird die zu späte Einbeziehung in die Planungsprozesse moniert. Andererseits räumten die Befragten ein, daß die Interessen der Arbeitnehmer in die Beratungsgespräche eingebracht und dort auch durchgesetzt werden könnten.

Probleme sieht man insbesondere in der Beurteilung der Auswirkungen neuer Technologien (NC-Maschinen, CNC-Maschinen, CAD-Systeme, Bildschirmgeräte). Die zunehmende Komplexität der technologischen Veränderungen erfordert nach übereinstimmender Meinung aller Gesprächspartner zusätzliches Know-how hinsichtlich der Mensch-Maschine-Zusammenhänge.

In Fragen der §§ 90, 91 knüpft die Betriebsratstätigkeit an die aktuellen betrieblichen Probleme an; nur eine größere Stichprobe kann deshalb generalisierungsfähige Aussagen zu den Einzelsachverhalten geben. Vorrangig für die Betriebsräte ist ihre Einbeziehung in den Planungsprozeß. Dabei wird gewünscht, daß der Arbeitgeber dem Betriebsrat durchaus auch vertrauliche Informationen weitergeben möge (mit Hinweis auf § 74 — Schweigepflicht —). § 91 wird von den Betriebsräten eher als „Drohparagraph" angesehen, „mit der gleichen Funktion wie die Flensburger Verkehrssünderkartei." (So einer der Befragten).

Generell und zusammenfassend wird das BetrVG von 1972 gegenüber der früheren Situation als Fortschritt gewertet, wenngleich in Teilbereichen (z. B. auch bei den §§ 90, 91) noch Anwendungsprobleme bestünden. („Der Teufel steckt im Detail.") Grundsätzlich fordern die Betriebsräte einen größeren Einfluß — insbesondere echte Mitbestimmungsrechte — bei Planungsprozessen. Der kooperative Charakter des Gesetzes wird von allen Betriebsräten gewürdigt, unabhängig davon, ob im Betrieb ein vertrauensvolles, harmonisches Verhältnis zwischen Arbeitgeber und Betriebsrat besteht oder die Kooperation eher erzwungen werden muß.

2. Die Meinung der Arbeitgeberseite

Auf der Arbeitsgeberseite wurden im Pretest zwei Personalleiter befragt. In dem einen Betrieb bestand ein sehr gutes Verhältnis zwischen Betriebsrat und Arbeitgeber, so daß viele Probleme informell gelöst werden und wenige Streitpunkte aufkommen. Im zweiten Betrieb herrschte ein eher gespanntes Verhältnis vor.

Die nachfolgenden Aussagen beziehen sich überwiegend auf das letztere Unternehmen. In der Auswertung bildeten sich die folgenden Problemkreise heraus:

— Beurteilung der Informationsprozesse.

— Rechtzeitigkeit der Information.

— Interpretation der §§ 90, 91 BetrVG.

— Beurteilung des Betriebsratseinflusses.

a) Generelle Beurteilung der Informationsprozesse

Von seiten der Personalleitung wurde hier die Asymmetrie zwischen BetrVG und Unternehmenswirklichkeit beklagt. Nur im Bereich der personellen Angelegenheiten seien die Sachverhalte so klar geregelt, daß sie praktisch problemlos gehandhabt werden könnten. In allen anderen Fragen herrschten starke Auffassungsunterschiede. Dem Betriebsrat wurde eine exzessive Auslegung der gesetzlichen Regelungen vorgeworfen. Dies wird auch auf den Einfluß der Gewerkschaft zurückgeführt, der man vorwarf, eine Strategie des „Gegenmanagements" zu forcieren. Besonders nachteilig auf die Arbeitgeber / Betriebsrats-Beziehungen wirkte sich auch die in diesem Betrieb praktizierte aktive Öffentlichkeitsarbeit des Betriebsrats aus.

b) Rechtzeitigkeit der Information

„Der Betriebsrat will natürlich so früh wie möglich informiert werden." Dieser übereinstimmend geäußerte Wunsch wird jedoch in einem Großunternehmen nicht für erfüllbar angesehen. Vielfältige Gründe werden hierfür angeführt, z. B. Geheimhaltung vor der Konkurrenz, Vorabprüfung verschiedener Alternativen, Schubladenprojekte, Planungsprobleme, etc. Der Planungsbegriff sei hier insgesamt zu „schwammig". Der Praxis in Großunternehmen entspräche es, daß bereits mehrere 100 Leute tätig würden, wenn der Vorstand nur eine Idee äußerte. In diesem Fall könne aber noch nicht von konkreter Planung gesprochen werden, weshalb der Betriebsrat auch nicht informiert werde. Die Informationszeitpunkte sollten vom Gesetzgeber sachverhaltsspezifisch explizit geregelt werden.

c) Die generelle Interpretation der §§ 9O, 91 BetrVG

Im Produktionsbereich sind die §§ 90, 91 BetrVG nach Meinung der Arbeitgebervertreter recht unproblematisch handhabbar. Dort tue man, was nach dem Stand der Technik möglich sei. Probleme entstünden in grundsätzlichen Fragen, so z. B. bei der Bauplanung mit ihren langen Vorlaufzeiten.

Hinsichtlich des Einsatzes neuer Technologien (Bildschirmgeräte etc.) sieht man großunternehmensspezifische Probleme. Die Beschaffung erfolgt hier oft dezentral, so daß nur der örtliche Betriebsrat informiert wird. Kommen die örtlichen Betriebsräte gut mit den Abteilungsleitern aus, so entstehen keinerlei Probleme. In allen anderen Fällen werden nach Ansicht des befragten Personalchefs oftmals Kleinigkeiten hochgespielt.

d) Beurteilung des Betriebsratseinflusses

Eine typische Aussage der Arbeitgeberseite lautete: „Ohne den Betriebsrat läuft nichts." Es wird beklagt, daß oftmals Kompromisse mit dem Betriebsrat geschlossen werden müßten, die dem Gedanken des Betriebsverfassungsgesetzes nicht entsprächen. So wurde z. B. ein Kurzarbeitsausgleich vereinbart, damit der Betriebsrat später seine Zustimmung bei geplanten Überstunden nicht versagte. Kompensationen dieser Art gelten als häufig. Insofern werden von seiten der Geschäftsleitung starke Kooperationszwänge gesehen.

Die Informationsaktivitäten kosten das Unternehmen Zeit und Geld. Positiv beurteilt man allerdings, daß die Zustimmung des Betriebsrats zu betrieblichen Entscheidungen dann eine im Prinzip problemlose Durchführung der Maßnahmen garantiere (Koordinationseffekt).

3. Bewertung der Ergebnisse und Hypothesenpräzisierung

Die in Hypothese 1 postulierte tendenzielle Übereinstimmung im Verhältnis Arbeitgeber / Betriebsrat und die Bedeutung der historischen Entwicklung finden in den Pretestergebnissen ihre vorläufige Bestätigung.

Die erklärten Informationsdefizite (Hypothese 2) — insbesondere in Problemkreisen, in denen die Informationsprozesse nicht detailliert vorgeschrieben sind — wurden ebenfalls bestätigt. Oft muß der Betriebsrat selbst aktiv werden.

Unterschiedliche Beurteilungen der Informationsprozesse (Hypothese 3) betreffen sowohl den Umfang der Information wie auch deren Zeitpunkt (Rechtzeitigkeit).

Die §§ 90, 91 BetrVG werden übereinstimmend für durchaus wichtig gehalten, da Fragen der Arbeitsgestaltung in anderen Zusammenhängen oder Gremien nur unzureichend diskutiert werden (Hypothese 4). Die bisher eher pragmatische Auslegung deutet aber auf erhebliche Interpretationsprobleme der Praktiker hin.

Die zunehmende Professionalisierung der Betriebsräte (Hypothese 5) wurde auch im Pretest festgestellt. Allerdings erscheint sie hier als notwendige Antwort auf die zunehmende Komplexität der Zusammenhänge und Fragestellungen im Unternehmen.

Die Unternehmensgröße (Hypothese 6) scheint im autonomen Arbeitsschutz einen Einfluß auf die Gestaltung der Mitwirkungsaktivitäten zu besitzen.

Die bisher gewonnenen Erkenntnisse beinhalten sowohl erhebungsmethodische wie auch inhaltliche Konsequenzen für die nachfolgende Hauptuntersuchung.

E. Konsequenzen für die Hauptuntersuchung

Mögliche Folgerungen aus dem vorliegenden empirischen Sekundärmaterial und den Pretestergebnissen sind bereits an mehreren Stellen angedeutet worden. Die inhaltlichen wie erhebungsmethodischen Konsequenzen sollen nun im einzelnen dargelegt werden.

1. Inhaltliche Folgerungen aus dem Pretest

a) Grundsätzliche Überlegungen

Die Ergebnisse aus dem empirischen Sekundärmaterial und die Ergebnisse des Pretests gehen teilweise über den engen Bereich der §§ 90, 91 BetrVG hinaus. Ein weiterer Erhebungsrahmen war auch von Anfang an beabsichtigt. Wir wollten bereits bei der Voruntersuchung allen Aspekten nachgehen, die in irgendeiner Weise von Interesse sein konnten. Nach der Auswertung der Pretestergebnisse galt es, die Forschungsperspektive unter Nutzung der bis dahin gewonnenen Erkenntnisse zu präzisieren und die Themenbereiche der Hauptuntersuchung im einzelnen festzulegen.

Die Gespräche während der Pilotphase haben bestätigt, daß die Unsicherheit über die konkrete Ausgestaltung der §§ 90, 91 BetrVG in der Praxis außerordentlich groß ist. Daraus ergab es sich fast zwingend, die Hauptuntersuchung inhaltlich sehr umfassend anzulegen. Kein Teil und kein offener Begriff im autonomen Arbeitsschutz durften dabei ausgelassen werden. Wie es der Fragebogen und die spätere Ergebnisdarstellung ausweisen, orientierte sich der Aufbau der empirischen Studie deshalb sehr eng an den Formulierungen des Gesetzgebers.

Bei der Präzisierung der Fragestellungen wird im Fragebogen auf Raster zurückgegriffen, wie sie in der Literatur bereits entwickelt wurden (z. B. das Belastungs-Beanspruchungs-Konzept von Rohmert). Die entsprechenden Ansätze werden bei der Ergebnisdarstellung in die Argumentation einbezogen.

b) Hypothesen der Hauptuntersuchung

Die Formulierung prüfbarer Hypothesen bildet einen wichtigen Ausgangspunkt empirischer Untersuchungen. Das erkenntnisleitende Interesse des Forschers steht in dieser Phase zweifellos im Vordergrund. Die aufgrund einer kritischen Literaturdurchsicht gewonnenen Ausgangshypothesen konnten durch die im Pretest erzielten Erfahrungen inhaltlich weiter verfeinert werden. Bei den im folgenden zusammengestellten Hypothesen für die Hauptuntersuchung gingen wir davon aus, daß für die §§ 90, 91 BetrVG die gleichen betrieblichen Umfeldbedingungen gelten wie für andere Mitwirkungs- und Mitbestimmungsrechte.

Hypothese H1:

Wenn Rechtsbegriffe offen formuliert sind, lassen sie erhebliche Interpretationsspielräume für die Betriebspartner zu.

Erläuterung:

Der Gesetzgeber geht auch für den Bereich des autonomen Arbeitsschutzes von einem tendenziell harmonischen Verhältnis zwischen Arbeitgeber und Betriebsrat aus. Intendiert ist dabei der ernste Wille zu einem konsensgeleiteten Verhalten der Betriebspartner. Die durchgängige Verwendung unbestimmter

Rechtsbegriffe läßt jedoch vermuten, daß diese ein weites Feld für eine unterschiedliche Auslegung durch die Beteiligten eröffnen.

Hypothese H2:

Wenn der Gesetzgeber den beteiligten Betriebsparteien Gestaltungsfreiräume der Interpretation einräumt, führen diese über tendenziell gleichlautende Bewertungen in Grundsatzfragen der Humanisierung hinaus zu interessengeleiteten Beurteilungsdifferenzen in Einzelfragen.

Erläuterung:

Arbeitgeber und Betriebsrat sind unterschiedlichen Interessen verpflichtet. Für die Unternehmensleitung stehen eindeutig betriebswirtschaftliche Ziele im Vordergrund ihres Handelns, die letztlich am langfristigen Überleben des Unternehmens am Markt ausgerichtet sind. Humanisierungsmaßnahmen werden deshalb vorwiegend unter Kostengesichtspunkten betrachtet. Für die Vertreter der Arbeitnehmer stehen demgegenüber eindeutig die personellen und sozialen Auswirkungen von Arbeitsgestaltungsmaßnahmen auf den betroffenen Mitarbeiter im Vordergrund. Diese unterschiedliche Ausgangslage der Interessen prägt auch das Wahrnehmungsbild. Die Vertreter der Arbeitnehmer empfinden dabei vielfach ein Informationsdefizit.

Hypothese H3:

Wenn unterschiedliche Interpretationen des Gestaltungsfreiraums der §§ 90, 91 BetrVG erfolgen, sind die Informations- und Beratungsaktivitäten vor allem durch die verschiedenen Gegenstandsbereiche des Gesetzes bestimmt.

Erläuterung:

Über die grundsätzliche Interessenorientierung der Betriebspartner hinaus wird die Beurteilung der offenen Rechtsbegriffe insbesondere von den zu lösenden Sachproblemen bestimmt. Der Gesetzgeber hat als Gegenstandsbereich der Informations- und Beratungsaktivitäten sehr unterschiedliche Sachbereiche genannt. Es wird vermutet, daß deren Bedeutung für den Betrieb und die Mitarbeiter ausschlaggebend für die Bewertung der Arbeitgeber und Betriebsräte ist. Die unterschiedlichen Beurteilungen betreffen vor allem den Umfang und den Zeitpunkt der Information und Beratung.

Hypothese H4:

Wenn Fragen der humanen Arbeitsgestaltung in anderen Zusammenhängen bzw. Gremien nur unzureichend diskutiert werden, entsteht in den Fällen der §§ 90, 91 BetrVG ein besonderer Bedarf an Informationen über komplexe Arbeitsgestaltungsmaßnahmen seitens der Betriebsräte.

Erläuterung:

Bedingt durch neuere technologische Entwicklungen einerseits und verschärfte Anforderungen andererseits werden Arbeitsgestaltungsfragen zunehmend komplexer. Aufgrund der bisherigen Erkenntnisse ist zu vermuten, daß die damit verbundenen Chancen und Risiken kaum in den sonstigen Gremien erörtert werden.

Wenn dies so ist, kommt auf die Betriebsparteien ein erhöhter Diskussions- und Abstimmungsbedarf zu.

Hypothese H5:

Wenn die in den §§ 90, 91 BetrVG genannten Informations- und Beratungsaktivitäten zu einer wachsenden Professionalisierung der Betriebsratstätigkeit führen, läßt diese Tendenz Motivationsverluste und Unzufriedenheit bei den vertretenen Arbeitnehmern entstehen.

Erläuterung:

Nach den vorliegenden Erfahrungen ist davon auszugehen, daß bei größeren Unternehmen Spezialisten für Fragen der humanen Arbeitsgestaltung benannt werden. Eine solche Arbeitsteilung verringert die Chancen einer direkten Kontaktnahme von Arbeitnehmern und Betriebsrat und vergrößert die Distanz, welche durch eine wachsende Formalisierung und Hierarchisierung der Betriebsarbeit zwangsläufig entsteht.

Hypothese H6:

Wenn Abweichungen zwischen der gewünschten und der realen Auslegung einzelner unbestimmter Rechtsbegriffe bestehen, deuten sie auf konkrete Gestaltungsprobleme der Praxis hin.

Erläuterung:

Es sind mehrere Möglichkeiten der Abweichung zwischen Wunsch und Wirklichkeit denkbar. Zum einen können sich bei Arbeitgebern oder Betriebsräten selbst Abweichungen ergeben, zum anderen sind unterschiedliche Einschätzungen zwischen den Betriebspartnern denkbar. Die Analyse dieser Unterschiede könnte Hinweise darauf geben, wo besondere Probleme der Ausgestaltung des autonomen Arbeitsschutzes bestehen oder auch generelle Auslegungs- und Anwendungsschwierigkeiten auftauchen.

Ursprünglich hatten wir auch eine weitere Hypothese formuliert, welche die Arbeitsmöglichkeiten und Partizipationschancen von Betriebsräten in Klein- und Mittelbetrieben betraf. Wir haben jedoch davon abgesehen, diese Hypothese in die Hauptuntersuchung zu übernehmen, weil die Zusammensetzung des Samples keine Signifikanzaussagen bzw. genügend scharfe Trennung zwischen Klein- und Mittelbetrieben und Großunternehmen gestattet.

2. Methodische Folgerungen aus dem Pretest

Die aus dem Pretest gewonnenen methodischen Erkenntnisse betreffen den Fragebogenaufbau, die Grundgesamtheit und das Auswahlprinzip bei der Stichprobenbildung (zu methodischen Problemen im Forschungsfeld der Arbeitnehmerpartizipation vgl. Fürstenberg [Methodologie] 1981 sowie Kubicek [Organisationsforschung] 1975).

a) Fragebogenaufbau

Beim Aufbau des Fragebogens für die Hauptuntersuchung haben wir eine Standardisierung der Vorgehensweise im Interview und im Aufbau der Fragenkomplexe angestrebt, um Ergebnisse vergleichbar zu machen; gleichzeitig sollten jedoch Informationsverluste, die durch Antwortvorgaben entstehen können, vermieden werden. Dies bedingte zunächst eine offene, unstandardisierte Abfrage der inhaltlichen Auslegung der Einzelformulierungen des Gesetzestextes. Nur so konnten mögliche Informationsverluste eingeschränkt werden. Es folgten jeweils standardisierte Fragen, mit entsprechenden Antwort- und Skalenvorgaben. So war es möglich, durch den Vergleich der Antworten zu überprüfen, ob im standardisierten Bereich Verständnisprobleme auftreten und die Ergebnisse plausibel sind. Es hat sich gezeigt, daß innerhalb der einzelnen Gegenstandsbereiche des § 90 Auslegungsunterschiede in Abhängigkeit von der empfundenen Bedeutung einer geplanten Änderung auftreten können.

In der Befragung sollten beide Seiten zu Wort kommen. In jedem Betrieb wurde deshalb ein Vertreter der Arbeitgeberseite und ein Vertreter des Betriebsrats befragt. Dabei verwendeten wir jeweils den gleichen Fragebogen, wobei die Arbeitgeberseite zusätzlich einige Fragen zum Betrieb, die Betriebsratsseite einige Fragen zum Betriebsratsgremium erhielt.

Der Fragebogen enthielt zunächst einige allgemeine Fragen zum Betrieb und zum Betriebsrat (unabhängige Variablen). Es folgten Fragen zu den nachstehenden Problemfeldern innerhalb der §§ 90, 91 BetrVG:

1. Grundsätzliche Fragen
   - 1.1 Kenntnis und Beurteilung der §§ 90, 91 BetrVG
   - 1.2 Gegenstandsbereiche der Rechtsnormen
   - 1.3 Zuständigkeit für Probleme der §§ 90, 91 BetrVG
2. Die unbestimmten Rechtsbegriffe in § 90 BetrVG
   - 2.1 Planungsbegriff
   - 2.2 Rechtzeitigkeit
   - 2.3 Informationsumfang
   - 2.4 Beratung
   - 2.5 Art und Anforderungen an die Arbeit

2.6 Menschengerechtigkeit
2.7 Arbeitswissenschaftliche Erkenntnisse
2.8 Gesichertheit

3. Die unbestimmten Rechtsbegriffe in § 91 BetrVG
   3.1 Anwendungsvoraussetzungen des § 91 BetrVG
   3.2 Abhilfemaßnahmen
4. Selbst- / Fremdeinschätzung der Verhandlungspartner

Innerhalb der einzelnen Punkte wird folgende Struktur eingehalten:

1. Offene Fragen
2. Geschlossene Fragen, gestützt durch
   — 5er-Skalen zur Bewertung von Wichtigkeit, Häufigkeit und / oder Realisierung einzelner Rechtsbegriffe
3. Fragen nach einer
   — gewünschten Auslegung der Rechtsbegriffe und der
   — realen Auslegung der Rechtsbegriffe.

Die offenen Fragen sollen das praktische Know-how der Befragten aktivieren. Die geschlossenen Fragen dienen der Präzisierung und dem Test der in der Literatur vorgestellten Operationalisierung einzelner Begriffe (z. B. von Rohmert oder Birkwald / Pornschlegel).

b) Die Grundgesamtheit der Hauptuntersuchung

Die Studie wurde bei repräsentativ ausgewählten Unternehmen der Metallindustrie in Hessen durchgeführt. Als Grundgesamtheit galten alle Unternehmen, die dem Arbeitgeberverband Metall in Hessen angehören und bei denen ein gewählter Betriebsrat amtiert. 1984 erfüllten 460 Betriebe diese Bedingungen. Diese Zahl ist jedoch mit Vorsicht zu behandeln, da die zur Verfügung stehenden Karteien nicht regelmäßig gepflegt werden. (Aus dem Rücklauf unserer Anfragen ergab sich, daß einige Betriebe ihre Betriebsstätte verlagert hatten und andere Betriebe aufgegeben worden waren.) Es hat sich gezeigt, daß die Verbandszugehörigkeit hinsichtlich der Branchenzugehörigkeit kein trennscharfes Kriterium darstellt, da auch einige EDV-Unternehmen (Vertrieb und Produktion), verschiedene Elektrounternehmen und ein Engineeringunternehmen dem Verband der Metallindustrie bzw. dem Tarifgebiet der IG Metall Hessen angehören. Die Zuordnungen sind mit anderen Worten historisch bedingt. Die Mehrzahl der erfaßten Betriebe läßt sich jedoch der Metallindustrie im engeren Sinne zuordnen. Gerade in diesem Bereich waren interessante und übertragbare Ergebnisse zu vermuten, da der technologische Wandel in jüngerer Zeit hier zu gravierenden Veränderungen in der Arbeitsgestaltung geführt hat und noch weiter führt (Einsatz von NC-Maschinen, CNC-Maschinen, flexiblen Fertigungssystemen, Computer-aided

Design etc.). Durch die dadurch bedingten Veränderungen von Arbeitsabläufen und Arbeitsverfahren, von technischen Anlagen und von Arbeitsplätzen werden hier die § 90, 91 BetrVG unmittelbar angesprochen.

c) Die Stichprobe

Unsere Untersuchung strebt Repräsentativität für die untersuchte Branche bzw. Region an. Es wurde deshalb eine geschichtete Stichprobe (in Abhängigkeit von der Mitarbeiterzahl) mit folgender Struktur gezogen (vgl. Abbildung 7).

Abbildung 7:
Struktur der Stichprobe

Gruppe	Größe des Betriebes nach Mitarbeitern	Stichprobe	Anzahl der Betriebe in der Stichprobe
1	1.000 und mehr	100 %	61
2	kleiner 1.000	50 %	199

Bei allen 260 Betrieben schrieben wir die Geschäftsleitung an. In dem Anschreiben wurde das Forschungsvorhaben kurz geschildert und gebeten mitzuteilen, ob jeweils ein Vertreter der Arbeitgeber- und Betriebsratsseite zu einem Interview bereitstehe. Der Rücklauf strukturierte sich wie in Abbildung 8 dargestellt.

Zu (1): Teilnahme am Forschungsprojekt

Von den 31 Betrieben, die bereit waren, am Forschungsprojekt teilzunehmen, kamen 30 für unsere Untersuchung in Frage. Ein Betrieb schied aus, da er erst zu einem zu späten Zeitpunkt für Interviews zur Verfügung stand.

Zu (2): Begründete Ablehnungen

Sieben Unternehmen fühlten sich wegen betrieblicher Umstrukturierungen oder personeller Veränderungen nicht in der Lage, zum gegenwärtigen Zeitpunkt für Interviews zur Verfügung zu stehen. Weitere sieben Firmen erklärten sich generell zeitlich überlastet und gaben dafür insbesondere auch die Flut von

Abbildung 8:
Struktur des Rücklaufs

	Anzahl der Betriebe
Teilnahme am Forschungsprojekt	30
Begründete Ablehnung	26
Ablehnung ohne Begründung	4
Keine Antwort	189

Befragungen von Universitäten, Fachhochschulen, Behörden und Verbänden an. Zwölf Unternehmen verwiesen auf die Zuständigkeit der Zentralverwaltungen bzw. zentralen Personalabteilungen in einem Werk außerhalb Hessens.

Zu (3) und (4): Die restlichen Ablehnungsgründe

Über die restlichen Gründe, unsere Anfrage nicht zu beantworten, kann nur spekuliert werden. Interessant ist allerdings, daß kein Unternehmen mit unter 150 Mitarbeitern zu einem Interview bereit war. Offenbar besteht hier eine erhebliche Scheu vor „Fremden im Haus", eine generelle Überlastung des Unternehmers (wie man auch bei den mittleren Unternehmen gespürt hat) oder die Intention, „keine schlafenden Hunde zu wecken".

3. Methodische Probleme der Hauptuntersuchung

Wie bereits oben deutlich wurde, ist eine Untersuchung mit Interviews bei Interessenvertretern der Arbeitgeber- und Arbeitnehmerseite in Unternehmen mit einigen methodischen Problemen belastet. Dem Standardraster methodischen Vorgehens in der Empirie stehen hierbei Hürden gegenüber, die sich nicht alle ausräumen lassen. Zum einen sind die Grundgesamtheiten unscharf definiert. Zum anderen ist der Forscher auf die Interviewbereitschaft der Betriebsseite angewiesen, da ohne die Zustimmung der Unternehmensleitung (Hausrecht) Untersuchungen im Betrieb nicht durchgeführt werden können. Dies gilt zwar auch bei Befragungen mit anderen Themenschwerpunkten, stellt im Bereich interessengeladener Fragestellungen jedoch ein besonderes Problem dar. Inwieweit die Interviewbereitschaft zu einem systematischen Fehler führt, ist nur schwer abzuschätzen. Hier kann, wie sich später zeigen wird, nur von Hilfshypothesen ausgegangen werden, die Schlüsse auf die Repräsentativität der Untersuchung allenfalls im Zuge von Plausibilitätsüberlegungen im Vergleich mit schon vorliegenden Erkenntnissen zulassen.

Hinsichtlich der Auswertung einzelner Fragen wird ein Methoden-Mix notwendig.

Die verbalen Antworten auf die offenen Fragen sind interpretativ auszuwerten. Dabei werden Gemeinsamkeiten, Schwerpunkte und Unterschiede sowie die einzelnen Formulierungen im Detail einer vergleichenden und zusammenfassenden Analyse unterzogen.

Bei den skalierten Fragen können Mittelwerte und Häufigkeitsverteilungen zur Auswertung hinzugezogen werden. Diese geben Aufschluß über die konkreten Interpretationen der Praktiker und über die Verteilung der Antworten.

Bei der Untersuchung der Unterschiede zwischen den Antworten der Arbeitgeber und der Betriebsräte kann im Bereich der standardisierten Fragen getestet werden, ob ein signifikanter Unterschied zwischen den Antworten besteht. Somit lassen sich Gemeinsamkeiten und Unterschiede in der Auffassung der Betriebspartner statistisch nachweisen. Die Signifikanz der Unterschiede in den Antworten der Arbeitgebervertreter und der Betriebsräte wurde mit Hilfe des t-Tests geprüft. Der t-Test erwies sich angesichts der relativ kleinen Stichprobe als robust genug, um die Wahrscheinlichkeit einer gleichen oder unterschiedlichen Interpretation zwischen den Betriebspartnern festzustellen.

In jedem Diagramm im Ergebnisteil ist die entsprechende zweiseitige Wahrscheinlichkeit (p) gegensätzlicher Meinungen (signifikante Mittelwertunterschiede) als p-Wert ausgewiesen. Ein Wert von .001 entspricht dabei einem 99,9%-Signifikanzniveau und der Aussage, daß mit 99,9%iger Wahrscheinlichkeit unterschiedliche bzw. gegensätzliche Meinungen zwischen Arbeitgebervertretern und Betriebsräten existieren. Bei einem Wert von .050 liegt die Signifikanz auf dem 95%-Niveau; bei einem Wert von .100 auf dem 90%-Niveau. Werte, die höher sind als .100, können nicht mehr zur Begründung von Interpretationsunterschieden herangezogen werden; hier liegt die Hypothese nahe, daß Betriebsräte und Arbeitgeber gleicher Meinung sind. (Einen Überblick über methodische Fragen gibt Witte [Organisationsforschung] 1980).

Erwähnenswert erscheint in diesem Zusammenhang abschließend noch, daß sechs Unternehmen sofort nach Erhalt unseres Schreibens den Arbeitgeberverband einschalteten mit der Frage, ob dieser unser Forschungsbegehren unterstützen würde. Auch diese Haltung deutet auf eine gewisse Unsicherheit in der Handhabung betriebsverfassungsrechtlicher Fragen hin. Fünf dieser Unternehmen waren nach zusätzlichen Informationen unsererseits bereit, an unserer Untersuchung teilzunehmen.

Geht man der Frage nach den Gründen der Interviewbereitschaft in den späteren Interviews nach, so zeigt sich im Tenor, daß die befragten Unternehmen grundsätzlich der Meinung waren, daß man sich Fragen der Arbeitgeber- / Arbeitnehmerbeziehungen öffentlich stellen sollte. Ein mittelständischer Unternehmer brachte es auf den Punkt mit der Aussage: „Die Darstellung meines Unternehmens gegenüber der Öffentlichkeit — oder der Wissenschaft — gehört mit zu meinen Aufgaben."

4. Zur Struktur der befragten Unternehmen

Die Betriebsgrößenstruktur der untersuchten Unternehmen geht aus der nachstehenden Abbildung 9 hervor.

Abbildung 9:
Struktur der untersuchten Unternehmen

Branchen:	
Metallbe-/verarbeitung	12
Elektrotechik	7
Maschinenbau	4
Kraftfahrzeugindustrie	3
Elektronische Datenverarbeitung	3
Engineering	1
Betriebsgrößen:	
100 - 299 Mitarbeiter	7
300 - 1.000 Mitarbeiter	8
1.001 - 10.000 Mitarbeiter	13
mehr als 10.000 Mitarbeiter	2
Organisationsstruktur:	
Funktionale Organisation	21
Divisionale Organisation	6
Matrix-Organisation	3

Vergleicht man die Struktur der befragten Betriebe nach der Mitarbeiterzahl mit der Struktur der hessischen Unternehmen im Metallbereich insgesamt, so zeigt sich cum grano salis ein Übergewicht größerer Unternehmen.

5. Zur Struktur der befragten Betriebsräte

Die Struktur der befragten Betriebsräte in den untersuchten Unternehmen geht aus der nachstehenden Abbildung 10 hervor.

Abbildung 10:
Struktur der befragten Betriebsräte

Alter der Befragten:				
35	-	45	Jahre	8
46	-	55	Jahre	12
56	-	65	Jahre	10
Betriebszugehörigkeit:				
14	-	25	Jahre	13
26	-	35	Jahre	12
36	-	45	Jahre	5
Betriebsratsmitgliedschaft:				
	bis	10	Jahre	5
11	-	20	Jahre	14
21	-	30	Jahre	7
31	-	40	Jahre	4

Betrachtet man diese Strukturmerkmale im einzelnen, so wird folgendes deutlich:

— Die Betriebsräte sind durchweg älter als 35 Jahre, zu mehr als zwei Dritteln älter als 46 Jahre.

— Die Betriebszugehörigkeit ist generell länger als 14 Jahre.

— Mehr als zwei Drittel der Betriebsräte sind seit mehr als 10 Jahren im Amt.

Insgesamt handelt es sich damit um langgediente und professionalisierte Betriebräte. Dies entspricht den vorgefundenen Strukturen in anderen Untersuchungen. Hinsichtlich der Entscheidungsfindungsprozesse im Betriebsratsgremium ist nachzutragen, daß 47% angaben, im Gesamtgremium zu entscheiden, wobei die Entscheidungsvorbereitung mehrheitlich in Ausschüssen erfolgte. In allen Betrieben konnte der Betriebsrat auf eine langjährige Tradition zurückblicken. Die erste Betriebsratswahl lag entweder vor 1950 oder erfolgte Ende der 50er Jahre, zumeist aufgrund des Dekrets der Alliierten zur Bildung betrieblicher Arbeitnehmervertretungen.

2. Teil: Ergebnisse der empirischen Untersuchung

A. Grundlagen

Die Darstellung der Ergebnisse unserer empirischen Untersuchung folgt im Aufbau der Struktur des zugrundeliegenden Fragebogens. Zunächst werden die eher allgemeinen Aussagen zur Kenntnis und Beurteilung der §§90, 91 BetrVG dargestellt. Daran anschließend behandeln wir die einzelnen Gegenstandsbereiche der Rechtsnormen. Die nachfolgenden Ausführungen zu den Zuständigkeitsregelungen im autonomen Arbeitsschutz beinhalten Erkenntnisse über dessen organisatorische Einbindung. Einen Schwerpunkt der Darstellung bilden schließlich die Ergebnisse zur Interpretation der unbestimmten Rechtsbegriffe in den §§ 90, 91 BetrVG durch die Arbeitgebervertreter und Betriebsräte.

Den Interviewpartnern wurden sowohl offene Fragen wie auch geschlossene Fragen gestellt. Die Antworten auf die offenen Fragen, bei denen keine standardisierten Antworten vorgegeben waren, sondern die Befragten freie Aussagen formulieren konnten, werden in der Ergebnisdarstellung relativ umfassend behandelt. Die Darstellung ausgewählter Originalantworten im Anhang soll es dem Leser ermöglichen, sich selbst ein Bild vom gesamten Antwortspektrum zu machen. Dadurch werden auch die zusammenfassenden Interpretationen besser nachvollziehbar. (Die vollständige Übersicht über die Originalantworten der Arbeitgebervertreter und Betriebsräte ist als Arbeitspapier des Lehrstuhls für Industriebetriebslehre, Johann Wolfgang Goethe-Universität, Frankfurt, erhältlich.)

Die geschlossenen Fragen wurden jeweils über zweiseitige Fünferskalen operationalisiert. Diese skalierten Ergebnisse werden als Säulendiagramme präsentiert. Die Säulen weisen dabei den prozentualen Anteil der Nennungen an der jeweiligen Grundgesamtheit (30 Arbeitgebervertreter, 30 Betriebsräte) aus. Dabei werden die Arbeitgeber- und Betriebsratsantworten nebeneinander gestellt. Darüber hinaus weisen wir den Wahrscheinlichkeitswert für eine signifikant unterschiedliche Beantwortung der jeweiligen Frage aus. Wie bereits im methodischen Teil im einzelnen erläutert, bedeutet ein Wahrscheinlichkeitswert (p-Wert) von .050, daß mit einer 95% Wahrscheinlichkeit die Arbeitgeber eine andere Meinung vertreten als die Betriebsräte. Bei der Interpretation der einzelnen Darstellungen ist allerdings auch die konkrete Verteilung der Antworten zu berücksichtigen. Teilweise werden deshalb ergänzend Mittelwerte angegeben.

B. Kenntnis und Beurteilung der §§ 90, 91 BetrVG

In diesem einführenden Teil geht es um eine eher allgemeine Bewertung der §§ 90, 91 BetrVG. Ziel war es, zunächst eine Einschätzung zu erhalten, wie die Praktiker die Aufnahme der §§ 90, 91 in das BetrVG bewerten. Außerdem wollten wir in Erfahrung bringen, wie die Praxis die Zielsetzung des Gesetzgebers einschätzt, und ob man die Formulierung als offene Rechtsnorm begrüßt oder Änderungsvorschläge bereithält. Außerdem interessierte uns, wie die Wichtigkeit des autonomen Arbeitsschutzes im Verhältnis zu anderen Arbeitsschutznormen eingeschätzt wird. Des weiteren war für uns von Interesse, wie das Mitwirkungsrecht, das in § 90 eine Unterrichtung und Beratung vorsieht, und erst in § 91 eine korrigierende Mitbestimmung einräumt, von Arbeitgebern und Betriebsräten beurteilt wird.

1. Beurteilung der „Humanisierungsparagraphen"

Zunächst wurden Arbeitgeber und Betriebsräte aufgefordert, eine allgemeine Beurteilung darüber abzugeben, ob sie die Aufnahme der §§ 90, 91 in das BetrVG von 1972 als eher schlecht oder eher gut beurteilen. Die Frage lautete: „Die §§ 90, 91 Betriebsverfassungsgesetz wurden 1972 bei der Novellierung des Betriebsverfassungsgesetzes neu in das Gesetz aufgenommen. Halten Sie die Neuaufnahme dieser Paragraphen eher für gut oder eher für schlecht?" Die Beurteilung erfolgte über eine Fünferskala, die von „sehr schlecht" bis „sehr gut" reichte. Neben dem reinen Meinungsbild wollten wir mit dieser Frage auch herausfinden, ob mit sehr stark abweichenden Grundhaltungen zu rechnen war. Hätten z. B. die Arbeitgebervertreter diese Frage generell mit „sehr schlecht" und die Betriebsräte generell mit „sehr gut" beantwortet, dann wäre in der gesamten Studie mit stark divergierenden Antworten zu rechnen gewesen. Dies war jedoch nicht der Fall.

76,7% der befragten Arbeitgeber bewerteten es als gut, daß die §§ 90, 91 in das BetrVG aufgenommen wurden. 36,7% der Betriebsräte waren der gleichen Meinung, und 56,7% bewerteten dies sogar als sehr gut. Insgesamt scheint demnach auf beiden Seiten eine positive Grundhaltung zur Aufnahme des autonomen Arbeitsschutzes in das BetrVG zu bestehen. Einer vertrauensvollen Zusammenarbeit würden demnach die gegenseitigen Grundeinstellungen nicht im Wege stehen (vgl. Abbildung 11).

Eine genauere statistische Analyse der Erhebungsdaten weist jedoch eine signifikante Abweichung in den Antworten der Arbeitgeber und Betriebsräte aus ($p = .000$). Allerdings liegt der Unterschied nur im positiven Bereich zwischen gut und sehr gut. Offenbar waren die Beurteilungen der Arbeitgeber von etwas mehr Vorsicht geprägt, während die Betriebsräte verständlicherweise jede Ausweitung ihrer Rechte besonders befürworten. Die Übereinstimmung der Vertei-

Abbildung 11:
Generelle Beurteilung der §§ 90, 91 BetrVG

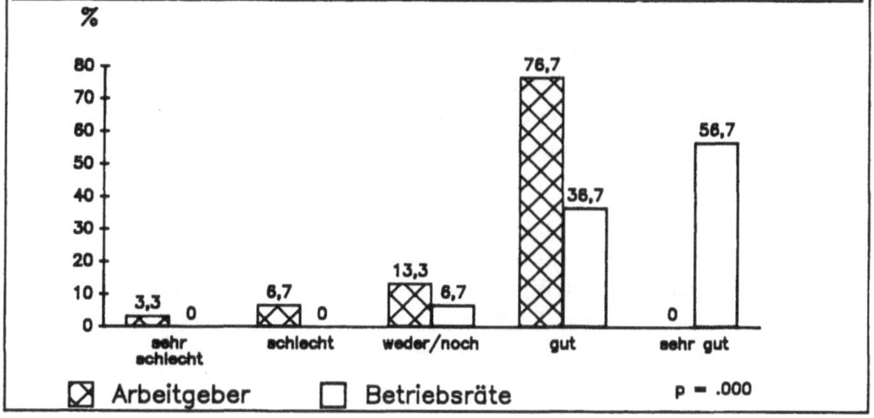

lungen deutet an, daß nicht mit einer besonderen Verzerrung aufgrund sehr stark unterschiedlicher Einschätzungen zu rechnen ist. Es ist eher zu vermuten, daß die insgesamt positive Einschätzung sowohl Gemeinsamkeiten wie auch im Einzelfall Gegensätze deutlich werden lassen kann.

2. Ziele des Gesetzgebers

Erklärtes Ziel des Gesetzgebers war es, die Betriebsverfassung — über die sozialen Angelegenheiten hinaus — in den Dienst einer Humanisierung der Arbeit zu stellen (vgl. Kreikebaum / Herbert [Humanisierung] 1988, 143).

Die offene Frage nach den Zielen, die der Gesetzgeber mit den §§ 90, 91 verfolgt, sollte einen Überblick darüber ermöglichen, ob auch die Praktiker diese Regelungen als wirkliche Humanisierungsparagraphen verstehen. Die Frage lautete: „Welche Ziele hat der Gesetzgeber Ihres Erachtens mit der Neuaufnahme der §§ 90, 91 Betriebsverfassungsgesetz verfolgt?“ (die Originalantworten sind in Anhang 1 dargestellt).

Fünf der befragten dreißig Arbeitgebervertreter sahen spontan als Gesetzgebungsziel eine Humanisierung der Arbeit an. Dabei wiesen sie insbesondere auf den Schutz der Belegschaft bei der Änderung von Arbeitsplätzen und auf die notwendige Vorsorge bei der Einführung neuer Technologien hin. Bei der Einschätzung des Gesetzgebungszieles dominierten allerdings die eher formalen Auswirkungen. So sahen vierzehn Arbeitgebervertreter die Einbeziehung oder Einbindung der Betriebsräte in betriebliche Entscheidungen als Gesetzgebungsziel an. Dabei wurde insbesondere der frühzeitigen Interessenvertretung Bedeutung beigemessen (neun Nennungen). Sechs Arbeitgebervertreter waren der Meinung, daß man die Rechte des Betriebsrates generell ausweiten wollte. Als weitere Ziele wurden die Schaffung von mehr Transparenz im Unternehmen, die Konfliktvorbeugung, eine Integration der Unternehmens- / Arbeitnehmerinteressen und die Arbeitsplatzsicherung genannt. Außerdem verwies man darauf, daß es sinnvoll sei, auch die Erfahrungen der Arbeitnehmerschaft bei der Arbeitsgestaltung nutzbringend einzubeziehen. Ein Befragter stand dem Gesetzgeber etwas reserviert gegenüber mit der sarkastischen Antwort: „Sie unterstellen, daß der Gesetzgeber denkt!"

Bewertet man die gesamte Breite der Antworten, so zeigt sich, daß auf der Arbeitgeberseite eher auf die formalen oder organisatorischen Aspekte verwiesen wird. Die Arbeitnehmerbeteiligung, der Informationsaspekt und die generelle Ausweitung der Rechte der Betriebsräte stehen nach Arbeitgebermeinung im Vordergrund der gesetzgeberischen Ziele.

Bei den Betriebsräten sieht man mehrheitlich eine Humanisierung der Arbeit bzw. den Schutz der Gesundheit als vordringliches Gesetzgebungsziel an. Acht der Betriebsräte erhoben die Forderung, daß ihnen generell ein höheres Maß an Mitbestimmungsmöglichkeiten, oder — auch durch den autonomen Arbeitsschutz — ein besserer Machtausgleich eingeräumt werden sollte (drei Nennungen). Ferner wurde auf die mögliche Koordination der Interessen zwischen Arbeitnehmern und Arbeitgeber hingewiesen. Die befragten Arbeitnehmervertreter erwähnten auch einige interessante Nebeneffekte. So wies man darauf hin, daß durch die Information und Beratung nach § 90 BetrVG auch schon frühzeitige Erkenntnisse über die quantitativen wie qualitativen personellen Auswirkungen von Veränderungen der Arbeitsgestaltung oder des Einsatzes neuer Technologien gewonnen werden könnten. Nach Meinung der Betriebsräte hätte es auch ein gesetzgeberisches Ziel gewesen sein können, das Betriebsratswissen in unternehmerische Entscheidungen einzubringen. Ein Betriebsrat bezeichnete die Paragraphen als Reaktion auf die Herausforderung der Praxis.

Die Betriebsräte rücken damit eher die humanitären Zielsetzungen in den Vordergrund. Sie weisen aber bereits hier auf Vorraussetzungen eines effektiven autonomen Arbeitsschutzes hin, die z. B. in der rechtzeitigen Information liegen.

3. Konkretisierungsgrad der Rechtsnormen

Die dritte Einstiegsfrage zielte auf eine Beurteilung des vom Gesetzgeber gewählten Konkretisierungsgrades. Es wurde gefragt: „Halten Sie die Formulierungen der §§ 90, 91 Betriebsverfassungsgesetz für ausreichend konkret oder eher für zu allgemein?" Die Befragten hatten auf einer Fünferskala eine Wertung abzugeben, die von „sehr allgemein" bis „sehr konkret" reichte. Der Mittelwert der Antworten lag hier bei den Betriebsräten bei 2,9 und bei den Arbeitgebern bei 3,3. Die Haltung beider Seiten zur Frage des Konkretisierungsgrades ist deshalb als eher neutral anzusehen. Ein signifikanter Unterschied zwischen den Antworten der beiden Seiten ist ebenfalls nicht nachzuweisen (p = .130). Man könnte allenfalls sehr vorsichtig folgern, daß Betriebsräte tendenziell eine etwas „präzisere" Formulierung der Rechtsnorm bevorzugen würden (vgl. Abbildung 12).

Abbildung 12:
Konkretisierungsgrad der §§ 90, 91 BetrVG

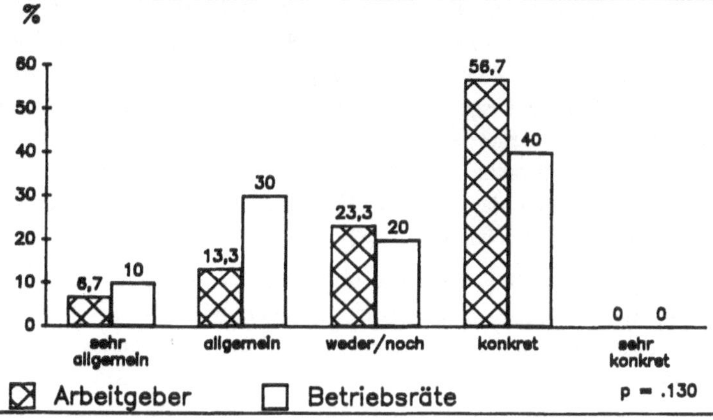

Die ergänzenden Kommentare der Befragten deuten jedoch darauf hin, daß man sich der Vorteile wie der Nachteile konkreter Vorgaben in der Praxis bewußt ist. Ein offener Gestaltungsrahmen eröffnet natürlich für beide Seiten Chancen. Ob der Betriebsrat diese Chancen nutzen kann, hängt davon ab, welche grundsätzliche Haltung die Betriebspartner zueinander entwickelt haben, wie das Informations- und Beratungsrecht institutionell verankert wird und welchen Einfluß der Betriebsrat im Unternehmen hat. Sicherlich kommen hier auch die Qualifikation in Arbeitsgestaltungsfragen und sein Verhandlungsgeschick zum Zuge. Es ist aber zu vermuten, daß Betriebsräte mit eher „restriktiven" Arbeitgebern grundsätzlich konkretere Normen bevorzugen.

4. Konkretisierungsbedürftigkeit von Einzelbegriffen

Immerhin 20% der Arbeitgeber empfanden in der geschlossenen Frage die §§ 90, 91 BetrVG als sehr allgemein bzw. allgemein formuliert. Auf Betriebsratsseite lagen diese Antworten bei 40%. Die Frage wurde dann mit der folgenden Formulierung erweitert: „Gibt es Formulierungen, die konkreter gefaßt werden sollten?".

Wir wollten versuchen herauszufinden, an welchen Begriffen sich eine mögliche Unzufriedenheit mit der Formulierung konkretisiert (zu den Originalantworten siehe Anhang 2).

Die Arbeitgeber ließen erkennen, daß sie an einer Konkretisierung der Begriffe „Rechtzeitigkeit", „arbeitswissenschaftliche Erkenntnisse" und „Gesichertheit" interessiert seien. Einigen Arbeitgebern lag auch an einer Präzisierung der in § 90 genannten Gegenstandsbereiche des Gesetzes bzw. an konkreteren formalen Vorgaben.

Bei den Arbeitnehmervertretern ergaben sich ähnliche Wünsche. Die Begriffe „Rechtzeitigkeit", „Gesichertheit" oder „arbeitswissenschaftliche Erkenntnisse" gelten als wenig konkret. Hinzu kam der Wunsch nach einer stärkeren Konkretisierung beim Begriff der „Menschengerechtigkeit". Außerdem wurde die Idee formuliert, arbeitsplatzspezifische Gestaltungsmuster (im Sinne von Arbeitsgestaltungsbeispielen) vorzulegen. Ein Betriebsrat brachte hier ein, daß es an konkreten finanziellen Sanktionen, z. B. für die verspätete Unterrichtung des Betriebsrats fehle. Sein Vorschlag lautete: „Für jeden versäumten Tag DM 500,– in die Sozialkasse des Betriebsrats!"

Es hat sich gezeigt, daß Konkretisierungswünsche der Betriebspartner vor allem an Einzelbegriffen, die im Gesetz gebraucht werden, ansetzen. In der Breite der Antworten ist eher eine unsichere Haltung festzustellen. Insgesamt erkannten jedoch die Praktiker das Problem des Gesetzgebers, zu den vielfältigen Fragen der Arbeitsgestaltung konkrete Normen vorzugeben.

5. Wichtigkeit im Verhältnis zu anderen Normen

Um die Bedeutung der seit 1972 gültigen Rechtsnorm des autonomen Arbeitsschutzes im Verhältnis zu anderen Mitbestimmungsrechten bzw. Arbeitsschutznormen festzustellen, wurde im nächsten Schritt eine entsprechende Beurteilung erbeten. Die Fragestellung lautete: „Neben den §§ 90, 91 BetrVG gab und gibt es noch weitere gesetzliche Normen zu Fragen des Arbeitsschutzes. Wie beurteilen Sie die Wichtigkeit der §§ 90, 91 Betriebsverfassungsgesetz im Verhältnis zu den nachfolgend genannten Normen?"

Anhand von Fünferskalen, die von „viel unwichtiger" bis „viel wichtiger" reichten, wurden die §§ 90, 91 in Beziehung zur echten Mitbestimmung nach §§ 87, 88, 89 BetrVG (Schnittstelle zum gesetzlichen Arbeitsschutz) und zu den konkreten Regelungen des Arbeitsschutzgesetzes, des Maschinenschutzgesetzes, der Arbeitsstättenverordnung und des Jugendarbeitsschutzgesetzes gesetzt. Die Ergebnisse sind nachfolgend im einzelnen dargestellt.

Abbildung 13 zeigt die Beurteilung des autonomen Arbeitsschutzes im Vergleich mit der im BetrVG vorhandenen Schnittstelle zum gesetzlichen Arbeitsschutz (insb. § 87).

Abbildung 13:
Wichtigkeit der §§ 90, 91 BetrVG im Verhältnis zu den Bezugsnormen zum gesetzlichen Arbeitsschutz (§§ 87, 88, 89)

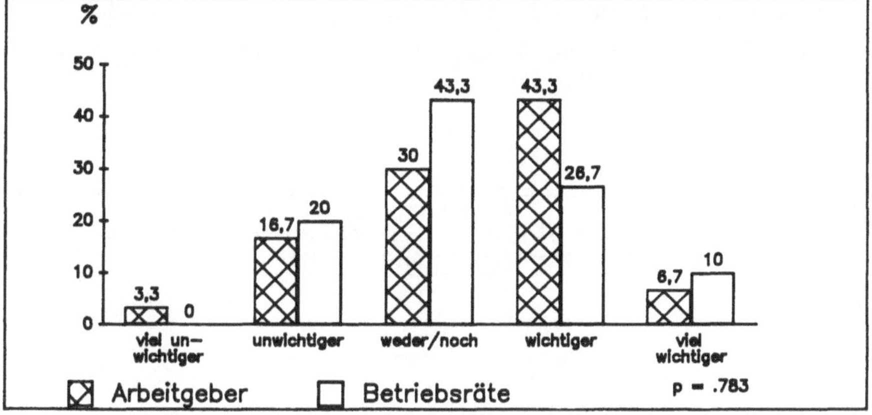

Im Mittel lagen hier die Antworten der Arbeitgeberseite bei 3,33 und die der Betriebsratsseite bei 3,27. Eine signifikant unterschiedliche Meinung besteht nicht. Insgesamt werden die §§ 90, 91 BetrVG hinsichtlich ihrer Wichtigkeit den echten Mitbestimmungsrechten in den §§ 87, 88, 89 des Gesetzes gleichgestellt. Dies unterstreicht, daß die Betriebspraktiker dem autonomen Arbeitsschutz als Rechtsnorm im Vorfeld des gesetzlichen Arbeitsschutzes eine große Bedeutung beimessen.

Die Wichtigkeit des autonomen Arbeitsschutzes im Verhältnis zum Arbeitsschutzgesetz ist in Abbildung 14 dargestellt.

Abbildung 14:
Wichtigkeit der §§ 90, 91 BetrVG im Verhältnis zum Arbeitsschutzgesetz

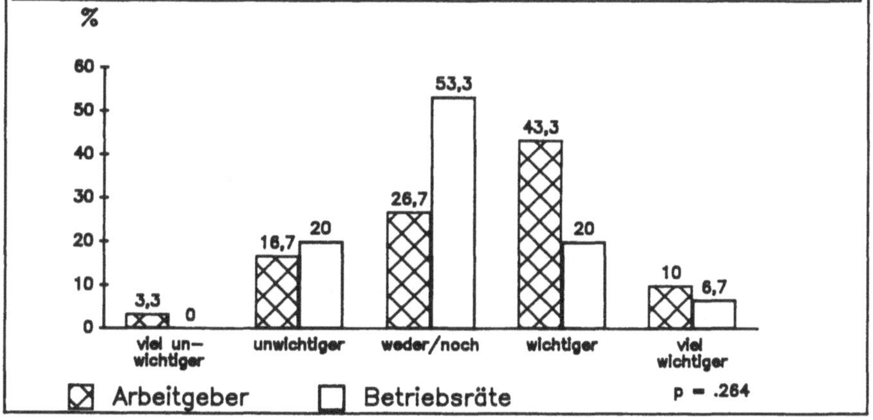

Bei dieser Frage lag der Durchschnitt der Arbeitgebereinschätzungen bei 3,4, derjenige der Betriebsräte bei 3,13. Auch hier besteht keine signifikante Abweichung in den Meinungen der beiden Seiten. Die Verteilung zeigt, daß man zu einer eher gleichgewichtigen Beurteilung neigt.

Abbildung 15 zeigt die Bewertung der Wichtigkeit der §§ 90, 91 im Verhältnis zum Maschinenschutzgesetz.

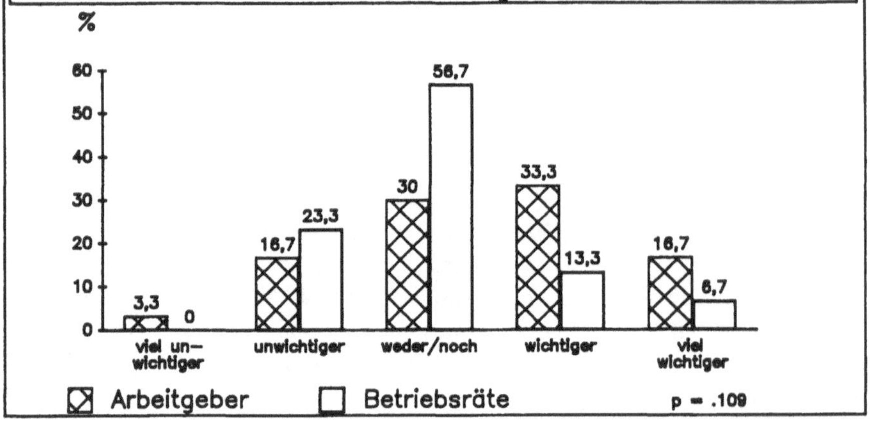

Abbildung 15:
Wichtigkeit der §§ 90, 91 BetrVG im Verhältnis zum Maschinenschutzgesetz

Auch in der Beurteilung der Wichtigkeit im Verhältnis zum Maschinenschutzgesetz zeigt sich eine gleichartige Verteilung. Die Mittelwerte liegen hier auf der Arbeitgeberseite bei 3,43, dagegen bei den Betriebsräten bei 3,03. Offenbar mißt die Betriebsratsseite dem Maschinenschutzgesetz eine etwa gleiche Bedeutung zu. Dies kann in der Tradition dieses Gesetzes und seiner Wichtigkeit im Bereich der Metallindustrie liegen.

In Abbildung 16 wird der Vergleich zur Arbeitsstättenverordnung gezeigt.

Die Verteilung der Antworten stellt sich hier etwas anders dar als bei den obengenannten Gegenüberstellungen. Der Mittelwert der Arbeitgeberseite liegt hier bei 3,40, der der Betriebsratsseite bei 3,93. Immerhin halten 60% der Betriebsräte den autonomen Arbeitsschutz für wichtiger und 20% für viel wichtiger als die Arbeitsstaättenverordnung. Bei den Arbeitgebern liegen diese Zahlen bei 46,7 bzw. 6,7%.

Als letzer Punkt war nach einer Bewertung im Vergleich zum Jugendarbeitsschutzgesetz gefragt (siehe Abbildung 17).

Abbildung 16:
Wichtigkeit der §§ 90, 91 BetrVG im Verhältnis zur Arbeitsstättenverordnung

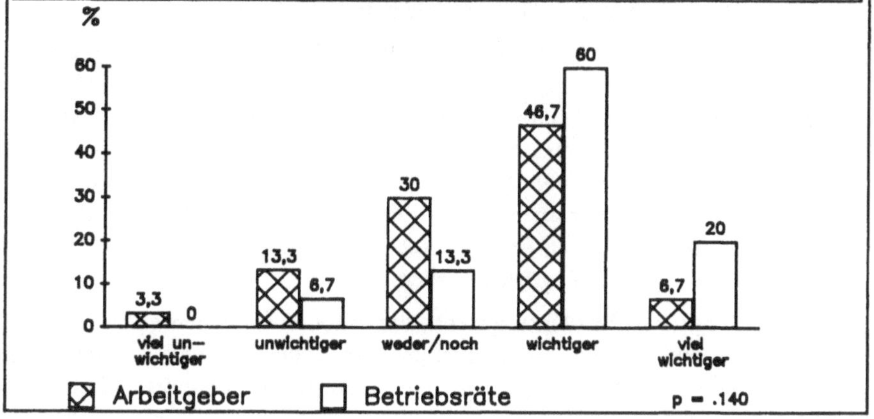

Abbildung 17:
Wichtigkeit der §§ 90, 91 BetrVG im Verhältnis zum Jugendarbeitsschutzgesetz

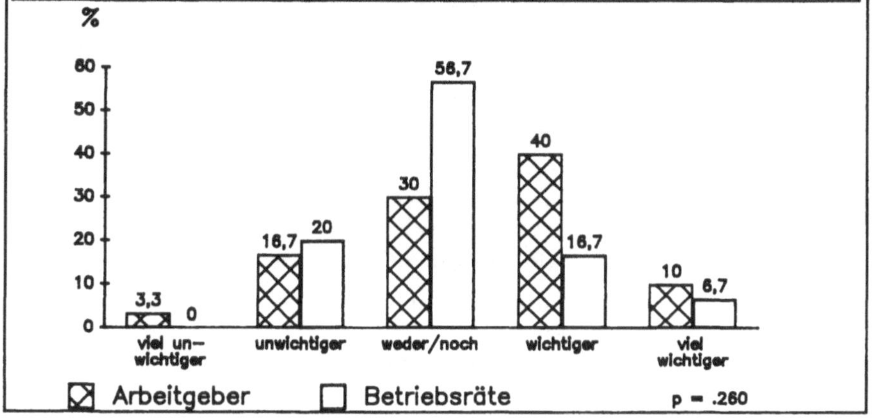

Bei der Antwort auf diese Frage liegen die Mittelwerte für die Arbeitgeberseite bei 3,37, für die Betriebsratsseite bei 3,35. Auch hier ordnet die Betriebsratsseite den autonomen Arbeitsschutz tendenziell als etwas unwichtiger als das Jugendarbeitsschutzgesetz ein. Die Verteilung kumuliert jedoch wieder sehr stark um die Skalenmitte.

Betrachtet man vergleichend alle Wichtigkeitsbeurteilungen, so ist erstaunlich, wie hoch die Bedeutung des autonomen Arbeitsschutzes im Verhältnis zu anderen

Mitbestimmungsnormen bzw. Schutzgesetzen bewertet wird. Der autonome Arbeitsschutz wird keineswegs als unwichtige Rechtsnorm angesehen. Er steht vielmehr — nach den im Prinzip übereinstimmenden Aussagen beider Seiten — nahezu gleichgewichtig neben den anderen gesetzlichen Normen.

Interessant ist, daß die Betriebsräte die Wichtigkeit der §§ 90, 91 tendenziell ebenso hoch einschätzen wie die Arbeitgeberseite. Dies kann sich daraus ableiten, daß der autonome Arbeitsschutz zwar hinsichtlich der Gestaltung seiner Mitwirkungsstärke nicht allzu hoch anzusiedeln ist, seine Bedeutung jedoch aus der frühzeitigen Einbeziehung der Betriebsräte in betriebliche Entscheidungen bezieht. Vielleicht spielt hier auch die Tatsache eine Rolle, daß die Betriebsräte traditionell allen zusätzlichen Rechten, die zu sozialen Verbesserungen im Arbeitsleben führen, positiv gegenüberstehen.

Zunächst greift das Mitwirkungsrecht des autonomen Arbeitschutzes. Es ist aber für den Betriebsrat die Möglichkeit gegeben, andere — echte — Mitbestimmungsrechte in die Überlegungen einzubeziehen. Inbesondere die Schnittstelle zum gesetzlichen Arbeitsschutz in § 87 gewährt ihm ein entsprechendes „Drohpotential".

6. Vorteilhaftigkeit einzelner Merkmale des autonomen Arbeitsschutzes

Nachdem der autonome Arbeitsschutz in Beziehung zu anderen Normen gesetzt wurde, ist ergänzend von Interesse, wie die Ausgestaltung der §§ 90, 91 BetrVG im Detail von der Praxis beurteilt wird. Es wurde deshalb gefragt: „Was halten Sie grundsätzlich am Konzept des autonomen Arbeitsschutzes für eher vorteilhaft bzw. eher nachteilig?". Die vorgelegte Fünferskala zu den einzelnen Ausgestaltungsmerkmalen reichte von „sehr nachteilig" bis „sehr vorteilhaft". Als erstes Ausgestaltungsmerkmal wurde die Zuständigkeit des Betriebsrats für Fragen der Arbeitsgestaltung zur Beurteilung vorgelegt (vgl. Abbildung 18).

Die Antworten weisen zunächst aus, daß hier ein hohes Maß an Zustimmung besteht. 50% der Arbeitgeber und 50% der Betriebsräte halten dieses Merkmal für vorteilhaft, 10% der Arbeitgeber und 43,3% der Betriebsräte sogar für sehr vorteilhaft. Der Signifikanzwert für die Abweichungsunterschiede weist aber aus, daß insgesamt gesehen keine übereinstimmende Haltung der beiden Seiten besteht ($p = .000$).

Hierauf deuten die 33,3% Anworten der Arbeitgeberseite hin, die im Bereich von „weder / noch" liegen. Hinzu kommen 6,7% der Arbeitgeber, die ihre Antwort im Bereich von „nachteilig" geben. Die Arbeitgeber sind demnach nicht grundsätzlich dagegen, daß der Betriebsrat für Fragen der Arbeitsgestaltung mit zuständig sein soll, haben jedoch eine etwas reserviertere Haltung als die Betriebsratsseite. Man würde es verständlicherweise lieber sehen, wenn man unabhängig vom Betriebsrat entscheiden könnte.

Abbildung 18:
Beurteilung des Gestaltungsmerkmals "Zuständigkeit des Betriebsrats für Fragen der Arbeitsgestaltung"

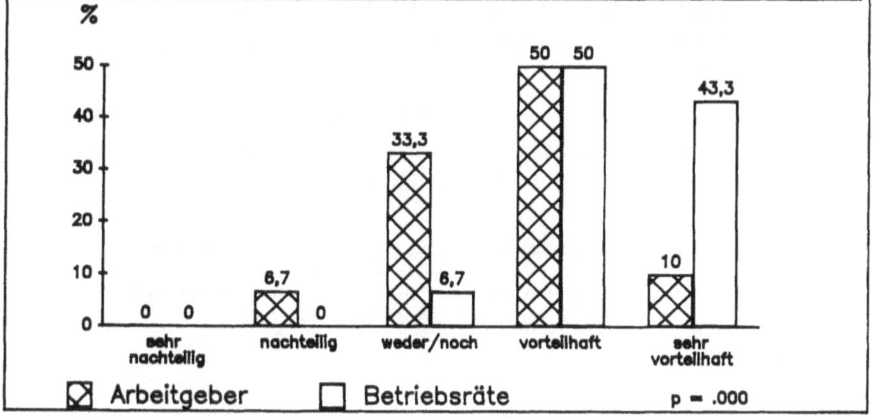

Im autonomen Arbeitsschutz können betriebsindividuelle Lösungen in Fragen der Arbeitsgestaltung vereinbart werden. Dadurch, daß Arbeitgeber und Betriebsrat eine Lösung im Betrieb verhandeln und vereinbaren, muß es für diese Lösung keinen so breiten Konsens geben, wie er beispielsweise auf Tarifebene unabdingbar wäre.

Abbildung 19 zeigt die Beurteilung der Möglichkeit, betriebsindividuelle Lösungen zu verwirklichen.

Abbildung 19:
Beurteilung des Gestaltungsmerkmals "Möglichkeit betriebsindividueller Lösungen in Fragen der Arbeitsgestaltung"

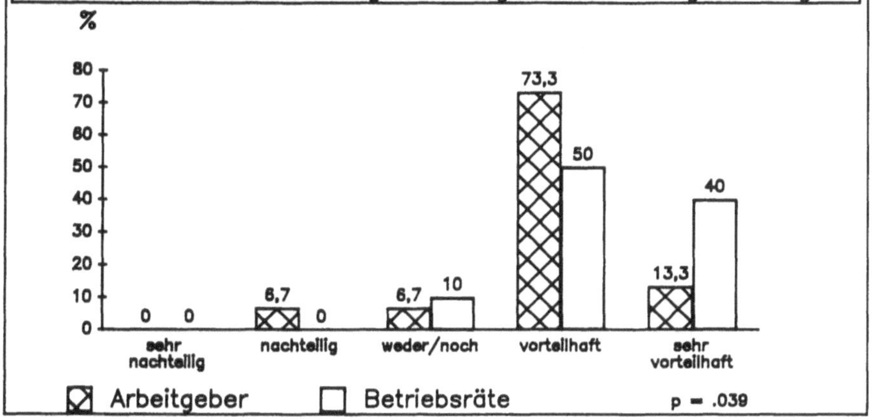

Insgesamt liegt die klare Mehrheit der Antworten von beiden Seiten im Bereich von „vorteilhaft“ bzw. „sehr vorteilhaft“. Auch hier ist die Beurteilung der Arbeitgeber etwas vorsichtiger als die der Betriebsratsseite. Der Mittelwert liegt bei den Arbeitgebern bei 3,93 und bei den Betriebsräten bei 4,3. Der p-Wert weist aus, daß hier durchaus noch ein signifikanter Unterschied auf einem 95%-Niveau feststellbar ist.

In Abbildung 20 zeigt sich ein anderes Bild. Hier ging es um die Beurteilung des Gestaltungsmerkmals „Einflußnahme des Betriebsrats auf Planungsprozesse und damit im Vorfeld konkreter Entscheidungen“.

Abbildung 20:
Beurteilung des Gestaltungsmerkmals "Einflußnahme des Betriebsrats auf Planungsprozesse"

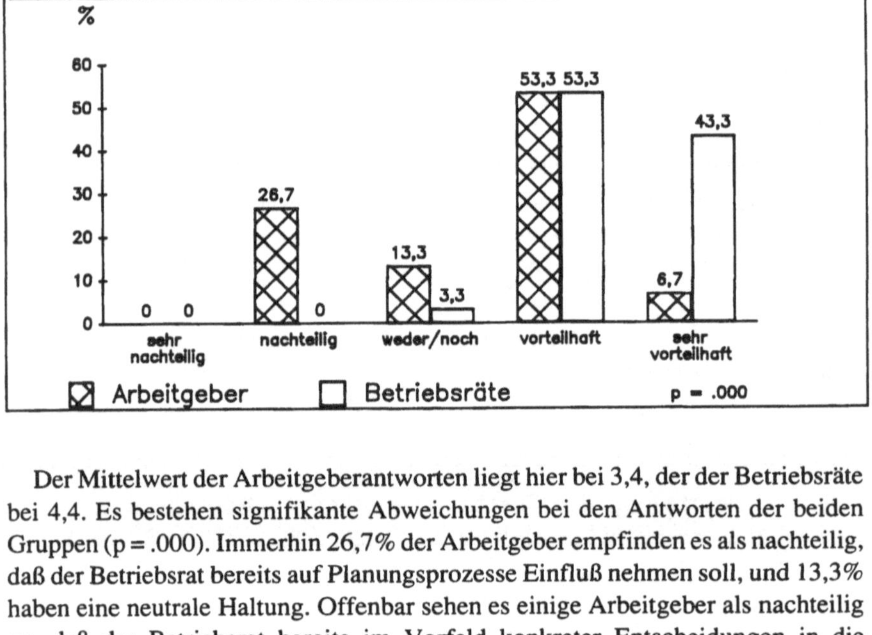

Der Mittelwert der Arbeitgeberantworten liegt hier bei 3,4, der der Betriebsräte bei 4,4. Es bestehen signifikante Abweichungen bei den Antworten der beiden Gruppen ($p = .000$). Immerhin 26,7% der Arbeitgeber empfinden es als nachteilig, daß der Betriebsrat bereits auf Planungsprozesse Einfluß nehmen soll, und 13,3% haben eine neutrale Haltung. Offenbar sehen es einige Arbeitgeber als nachteilig an, daß der Betriebsrat bereits im Vorfeld konkreter Entscheidungen in die Überlegungen miteinbezogen wird. Es verwundert dagegen nicht, daß 53,3% der Betriebsräte dieses Recht als vorteilhaft ansehen und 43,3% sogar als sehr vorteilhaft.

Die nächste Frage galt der Trennung der Betriebsratsrechte nach § 90 (Information und Beratung) und § 91 (Korrigierende Mitbestimmung). Diese Trennung wurde von der Betriebsratsseite keineswegs so positiv beurteilt wie die übrigen Gestaltungsmerkmale des autonomen Arbeitsschutzes. Hier lag der Mittelwert der Antworten der Betriebsräte nur bei 2,6. Dagegen betrug der Durchschnitt auf der Arbeitgeberseite 3,57.

Die Beurteilung der Trennung der Mitwirkungsrechte vom korrigierenden Mitbestimmungsrecht zeigt Abbildung 21.

Abbildung 21: Beurteilung des Gestaltungsmerkmals "Information und Beratung im Planungsstadium und korrigierende Mitbestimmung nach der konkreten Arbeitsgestaltung"

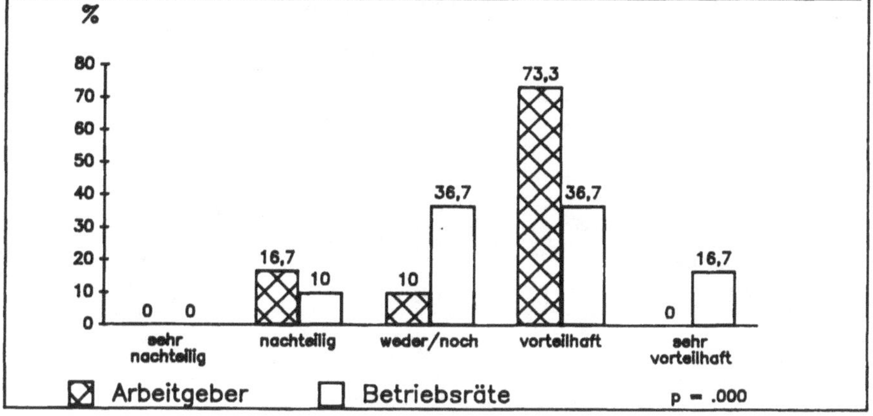

Der Signifikanzwert weist einen deutlichen Unterschied zwischen den beiden Meinungen aus. Dies ist auch verständlich. Der hier sichtbare Abstand zwischen den Beteiligten wurde verstärkt durch die spontanen Anmerkungen zur geschlossenen Frage während der Interviews. Die Betriebsräte würden natürlich lieber ein echtes Mitbestimmungsrecht bereits im Planungsstadium besitzen. Dagegen kann sich die Arbeitgeberseite mit der Trennung der Rechte durchaus zufrieden geben.

Wir haben oben bereits nach der Beurteilung des Konkretisierungsgrades der Normen gefragt. Da die Ausgestaltung des autonomen Arbeitsschutzes als Generalnorm insgesamt ein zentrales Merkmal dieser Rechtsnormen darstellt, wurde dieses Merkmal mit einer geschlossenen Frage erhoben (vgl. Abbildung 22).

Interessanterweise zeigte sich hier ein sehr breites Meinungsbild, wobei die Antworten der beiden Seiten grundsätzlich voneinander abwichen ($p = .008$). Der Mittelwert der Antworten der Betriebsratsseite lag bei 3.0, derjenige der Arbeitgeber bei 3.7. Dieses Ergebnis zeigt, daß die Arbeitgeberseite die Ausgestaltung in Form einer Generalnorm als vorteilhafter ansieht als die Betriebsratsseite. Wie schon bei der Frage zum Konkretisierungsbedarf einzelner Begriffe im autonomen Arbeitsschutz hätten die Betriebsräte auch hier lieber einen geringeren Gestaltungsspielraum bevorzugt. Offenbar läßt die Generalnorm nach ihrer Auffassung den Arbeitgebern zuviel Verhandlungsspielraum. Diese Interpretation würde jedoch gleichzeitig implizieren, daß die Betriebsräte ihren Einfluß auf die Arbeitgeberseite als nicht allzu hoch einschätzen.

Abbildung 22:
Beurteilung des Gestaltungsmerkmals "Formulierung der Paragraphen als Generalnorm mit großem Gestaltungsspielraum"

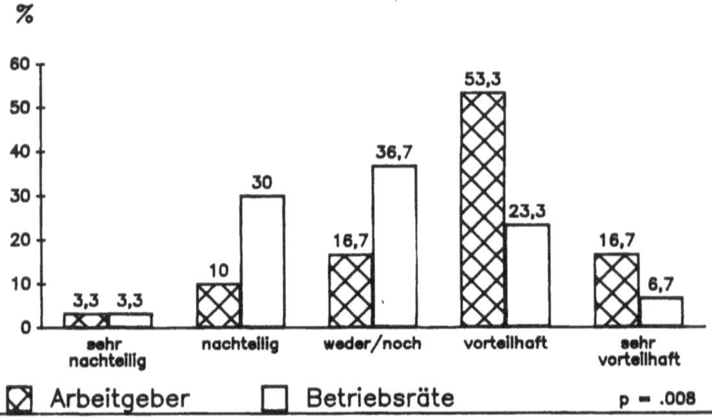

7. Stärke des Mitwirkungsrechts

Unsere nächste Frage galt einer generellen Beurteilung der Stärke der Mitwirkungsnorm in § 90, die ausschließlich ein Unterrichtungs- und Beratungsrecht beinhaltet. Die Frage lautete: „In § 90 BetrVG ist ein Unterrichtungs- und Beratungsrecht vorgesehen. Wie beurteilen Sie die Stärke dieses Mitwirkungsrechts?"

Hier weichen die Meinungen der Arbeitgeber und Betriebsräte verständlicherweise stark voneinander ab (vgl. Abbildung 23). Während die Betriebsräte das

Abbildung 23:
Stärke der Mitwirkung nach § 90 BetrVG

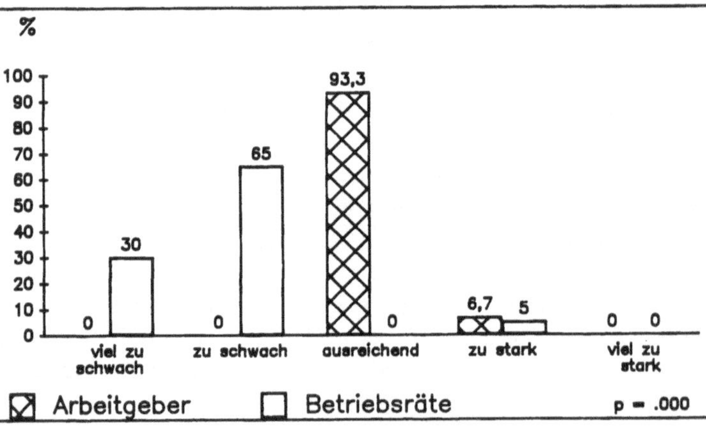

Mitwirkungsrecht „Information und Beratung" generell als viel zu schwach bzw. zu schwach ansehen, wird es von den Arbeitgebern als ausreichend bezeichnet. Verständlicherweise würden die Betriebsräte eine Stärkung dieses Rechts bevorzugen, während die Arbeitgeberseite diesem Wunsch negativ gegenüber steht. An diesen Aspekt schließt auch die folgende Frage an.

8. Gewünschte Entscheidungsbeteiligung

Mit der letzten allgemeinen Frage versuchten wir herauszufinden, welche Form der Entscheidungsbeteiligung im Bereich der Arbeitsgestaltung als angemessen angesehen wird. Die Arbeitgeber halten auch bei dieser offenen Frage mehrheitlich das Informations- und Beratungsrecht für angemessen. Nur zwei der Arbeitgebervertreter waren der Meinung, daß ein reines Informationsrecht im Prinzip ausreichen würde.

Zu diesem Punkt sind die Betriebsräte verständlicherweise ganz anderer Meinung. 83% hielten ein echtes Mitbestimmungsrecht und immerhin 17% ein Vetorecht für angemessen. Den Betriebsräten erscheint das Unterrichtungs- und Beratungsrecht generell zu schwach ausgeprägt. Sie hätten gerne die „echte" Mitbestimmung.

9. Zusammenfassung

Die Bedeutung des autonomen Arbeitsschutzes für die Praxis generell wurde in den grundsätzlichen Beurteilungen eindrucksvoll unterstrichen. Daß die §§ 90, 91 im Jahre 1972 in das Betriebsverfassungsgesetz aufgenommen wurden, beurteilten rd. 77 % der Arbeitgebervertreter mit „gut" und 93 % der Betriebsräte mit „gut" bzw. „sehr gut". Erstaunlich ist dabei die breite Zustimmung beider Seiten zu der Gesetzesnorm als solcher.

Die Frage nach der Zielsetzung des Gesetzgebers führte allerdings zu einem etwas differenzierten Bild. Die Arbeitgeberseite sah als vorrangiges Gesetzgebungsziel die Einbeziehung der Betriebsräte in betriebliche Entscheidungen an. Eine generelle Ausweitung der Betriebsratsrechte, mehr Transparenz im Unternehmen und die Berücksichtigung von Arbeitnehmerinteressen bei der Einführung neuer Technologien wurden als vom Gesetzgeber angestrebte Einzelziele genannt. Die Betriebsräte sahen dagegen nicht so sehr die formalen Prozesse der Arbeitnehmerbeteiligung als primäres Gesetzesziel, sondern eher die Humanisierung der Arbeit. Die §§ 90, 91 BetrVG stellen für die Betriebsräte in erster Linie einen Ansatzpunkt der praktischen Umsetzung dar.

Es wird von ihnen aber auch darauf hingewiesen, daß die Informations- und Beratungsprozesse das praktische Wissenspotential der Betriebsräte für den Betrieb nutzbar machen sollten. So könnten frühzeitig auch personelle Auswirkungen in die Überlegungen einbezogen werden.

Die Formulierung der §§ 90, 91 BetrVG als offene Rechtsnorm wird von den Arbeitgebern tendenziell begrüßt, während sich die Betriebsräte eine Präzisierung wünschen. Insbesondere der Begriff der Menschengerechtigkeit erscheint letzteren zu vage. Er müßte in arbeitsplatzspezifische Gestaltungsmuster überführt werden. Auch werden fehlende Sanktionen für eine zu späte oder inhaltsleere Unterrichtung des Betriebsrats beklagt.

Fragt man schließlich nach der Einschätzung der § 90, 91 BetrVG hinsichtlich ihrer Wichtigkeit im Verhältnis zu anderen Normen des Arbeitsschutzes, ist eine im ganzen beeindruckende Übereinstimmung der Auffassungen festzustellen. Interessant ist, daß einem eher „schwach" ausgestalteten Partizipationsrecht eine hohe praktische Bedeutung zugesprochen wird. Im System der Arbeitnehmerpartizipation bzw. der Partizipation gewählter Arbeitnehmervertreter kommt es offenbar zunächst auf die grundsätzliche Möglichkeit der Entscheidungsbeteiligung bzw. -beeinflussung an, wie sie bereits durch Information und Beratung eingeräumt ist.

Hinsichtlich der empfundenen Vorteilhaftigkeit der vom Gesetzgeber gewählten Ausgestaltungsmerkmale des autonomen Arbeitsschutzes zeigte sich ein differenziertes Beurteilungsbild. Daß der Betriebsrat nun explizit für Fragen der Arbeitsgestaltung mit zuständig ist, wird von dessen Vertretern natürlich durchweg befürwortet. Die Arbeitgeber vertreten hier eine etwas zurückhaltendere Meinung — Arbeitsgestaltung sehen sie offenbar eher als ihre alleinige Entscheidungsdomäne an. Die Möglichkeit betriebsindividueller Gestaltungslösungen wird dagegen von beiden Seiten tendenziell als vorteilhaft angesehen. Stärkere Gegensätze zeigen sich wieder in der Befürwortung der Trennung von § 90 und 91 durch die Arbeitgeber. Die Betriebsräte bedauern, erst nach der Durchführung von Gestaltungsmaßnahmen ein korrigierendes Mitbestimmungsrecht zu besitzen. Bei der Beurteilung des Generalnormencharakters im autonomen Arbeitsschutz werden übereinstimmend sowohl die Chancen wie die Risiken gesehen. Überwiegend die Betriebsräte wünschen sich hier konkretere Formulierungen. Insgesamt bestehen bei allen Antworten signifikante Unterschiede zwischen den Betriebspartnern. Die Arbeitgeberseite ist mit der Norm tendenziell zufrieden. Die Betriebsräte wünschen Veränderungen, die letztlich auf eine größere Mitwirkung zielen.

So beurteilen sie das Mitwirkungrecht in § 90 als tendenziell zu schwach, während es nach Arbeitgebermeinung ausreichend stark ist. Wünschenswert wäre nach Aussagen der Betriebsräte eine echte Mitbestimmung.

C. Gegenstandsbereiche der Rechtsnormen des autonomen Arbeitsschutzes

Wie die Auswertung schon vorliegender empirischer Untersuchungen gezeigt hat, ist die konkrete Ausgestaltung der Mitwirkungsaktivitäten der Betriebsräte teilweise vom jeweiligen Gegenstand abhängig. So existieren unterschiedliche Partizipationsmuster bei personellen, sozialen oder wirtschaftlichen Fragestellungen. Außerdem scheint sich die Bedeutung des konkret im Einzelfall zu behandelnden Problems für das Gesamtunternehmen auf die Ausgestaltung der Informations-, Beratungs- und Mitwirkungsprozesse zwischen Arbeitgeber und Betriebsrat auszuwirken. Paragraph 90 nennt vier Gegenstandsbereiche, für die das Mitwirkungsrecht gilt:

1. Neu-, Um- und Erweiterungsbauten von Fabrikations-, Verwaltungs- und sonstigen betrieblichen Räumen,
2. technische Anlagen,
3. Arbeitsverfahren und Arbeitsabläufe sowie
4. Arbeitsplätze.

Damit sind im Grunde alle Bereiche abgedeckt, die eine Auswirkung auf die betriebliche Arbeitsgestaltung haben können. Die verschiedenen Gegenstandsbereiche bilden eine Hierarchie hinsichtlich des Umfangs der betroffenen Arbeitnehmer bzw. der Größe des betroffenen Betriebsbereiches. So handelt es sich bei Baumaßnahmen um umfassende Veränderungen, die ebenso gravierende Änderungen in der Arbeitsgestaltung nach sich ziehen können. Das gleiche gilt für die Veränderung von technischen Anlagen. Auch die Änderung von Arbeitsverfahren und Arbeitsabläufen betrifft zumeist mehrere Arbeitsplätze oder ganze Betriebsteile. Der letzte Punkt zielt dagegen auf den konkreten Arbeitsplatz und dessen individuelle Gestaltung. Zwei Fragestellungen waren hier für uns von besonderem Interesse.

Zum einen beschäftigte uns die grundsätzliche Frage, ob die verschiedenen Gegenstandsbereiche getrennt wahrgenommen werden und auch in unterschiedlicher Häufigkeit auftreten. Daneben interessierte uns im Hinblick auf die Interpretation der unbestimmten Rechtsbegriffe in den §§ 90, 91, ob Unterschiede hinsichtlich einzelner Mitwirkungsgegenstände festzustellen sind. Zunächst einige Bemerkungen zu den generellen Aussagen.

1. Geltungsbereiche der §§ 90, 91 BetrVG

Dieser Erhebungsteil begann ebenfalls mit einer allgemeinen gehaltenen offenen Frage: „Für welchen Gegenstandsbereich (Fragen / Probleme) gelten die §§ 90, 91 Betriebsverfassungsgesetz?“ Die Frage zielte darauf ab, welche konkret in der Praxis auftretenden Probleme von den Befragten spontan mit den §§ 90, 91 BetrVG verbunden werden. Wir wollten zudem den tatsächlichen Kenntnisstand bei den Interviewpartnern kennenlernen. Darüber hinaus suchten wir in Erfahrung zu bringen, ob die Befragten die geplante Veränderung der Arbeitsgestaltung als Ansatzpunkt des autonomen Arbeitsschutzes ansehen, und ob sie diese Rechtsnormen damit von anderen Mitwirkungs- und Mitbestimmungsrechten — z. B. im personellen, sozialen oder wirtschaftlichen Bereich — trennen.

Auf der Arbeitgeberseite nahmen die Mehrzahl der Befragten direkt Bezug auf die in § 90 genannten vier Bereiche (Baumaßnahmen, technische Anlagen, Arbeitsverfahren und Arbeitsabläufe, Arbeitsplätze). Angeknüpft wurde auch an Funktionen im Unternehmen wie Fragen der Produktion (zwei Nennungen) und Einsatz der EDV (fünf Nennungen). Drei Befragte waren der Meinung, daß alle Veränderungen im Betrieb zum Gegenstandsbereich der genannten Paragraphen gehören. In einem Fall sah man eine Einschränkung auf den Produktionsbereich: „Je weiter man sich von der Produktion entfernt, desto weniger Bedeutung haben die §§ 90, 91.“ Ein Befragter ging dagegen sehr weit ins Detail und wies darauf hin, daß Fragen des Betriebssports, der Sitzgelegenheiten in den betrieblichen Parkanlagen und der Parkplatzverteilung ebenso zum Gegenstandsbereich gehören würden wie die Gestaltung des Firmengeländes.

Von den Betriebsräten verwies man mehrheitlich auf die im Gesetz genannten Gegenstandsbereiche; ein weiterer großer Anteil nannte Fragen der Arbeitsgestaltung als relevant, wobei insbesondere die Arbeitserleichterung im Vordergrund stehen sollte. Sechs Betriebsräte sahen die technische Entwicklung als im Vordergrund der Überlegung stehend (insbesondere den Einsatz moderner Maschinen und der EDV). Genannt wurden aber auch Fragen des Gesundheitsschutzes, des Unfallschutzes und der Arbeitssicherheit sowie Probleme der Rationalisierung. Aber auch die generelle Möglichkeit der Einflußnahme wird genannt: „Alle baulichen und organisatorischen Veränderungen“ ... sind Mitwirkungsgegenstand. Und ...“der Unternehmer sollte nicht machen können, was er will.“

Die Antworten weisen aus, daß auf beiden Seiten tendenziell gute Kenntnisse über die Gegenstandsbereiche, bei denen die §§ 90, 91 BetrVG greifen, vorhanden sind. Bei einem Teil der Befragten sind die Antworten stark von aktuellen Problemen, insbesondere im Zusammenhang mit der Einführung neuer Technologien, geprägt.

Insgesamt scheinen damit die §§ 90,91 als Ergänzung derjenigen Mitwirkungsrechte des Betriebsrats gesehen zu werden, die speziell auf Arbeitsgestaltungsprobleme zielen.

2. Häufigkeit des Auftretens einzelner Mitwirkungsgegenstände

Die genauere Untersuchung der Differenzierung nach Gegenstandsbereichen wurde zunächst anhand des Kriteriums „Häufigkeit der angesprochenen Problemkreise“ vorgenommen. Die Frage lautete: „Wie würden Sie die einzelnen im Gesetz genannten Gegenstandsbereiche hinsichtlich der Häufigkeit bzw. Seltenheit ihres Auftretens in der Betriebspraxis beurteilen?“

Die in dieser geschlossenen Frage verwendete Fünferskala reichte von „sehr selten“ bis „sehr häufig“. Die Ergebnisse zum Gegenstandsbereich „Neu-, Um- und Erweiterungsbauten“ zeigten ein recht uneinheitliches Bild. Der Mittelwert der Antworten lag auf der Arbeitgeberseite bei 2,43 und bei den Betriebsräten bei 2,83. Dabei streuen die Antworten jedoch sehr stark von „sehr selten“ bis „sehr häufig“.

Betrachtet man die Abbildung 24 im einzelnen, so deutet diese auf eher betriebsindividuelle Eigenheiten hin. Es gab offenbar in der Stichprobe Betriebe, die gegenwärtig sehr stark von Baumaßnahmen betroffen sind. Außerdem existierten Betriebe, die im Moment kaum Neu-, Um- und Erweiterungsbauten durchführten.

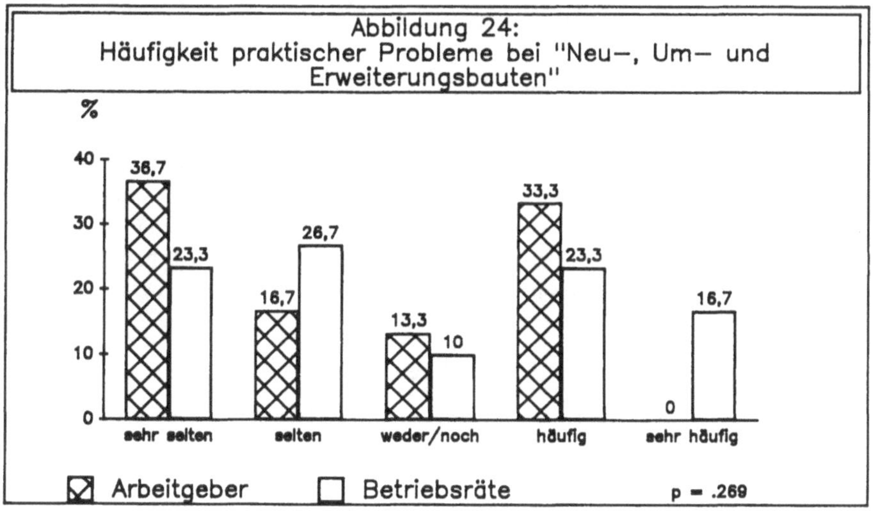

Die Beurteilung des Gegenstandsbereiches „Technische Anlagen“ zeigte ein etwas anderes Bild. Die Mittelwerte von 3,43 für die Arbeitgeber und 2,80 für die Betriebsräte weisen aus, daß Veränderungen im Bereich der technischen Anlagen in den Betrieben offenbar häufiger durchgeführt werden als Baumaßnahmen. Eine signifikante Abweichung der Antworten zwischen den Betriebspartnern bestand jedoch auch hier nicht (siehe Abbildung 25).

Die Angaben erscheinen auch deshalb plausibel, weil die Metall-Industrie gegenwärtig von gravierenden technischen Änderungen geprägt ist. Diese resultieren in der Hauptsache aus dem Einsatz von elektronischen Planungs- und

Konstruktionssystemen sowie Steuerungsinstrumenten im Bereich der Werkzeugmaschinen (vgl. Kreikebaum [Entwicklung] 1985).

Abbildung 25:
Häufigkeit praktischer Probleme im Bereich "Technische Anlagen"

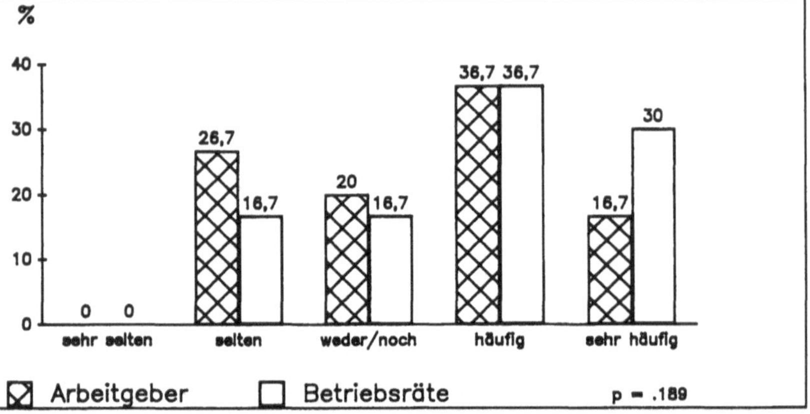

Die Frage nach der Häufigkeit praktischer Probleme im Bereich der „Arbeitsverfahren und Arbeitsabläufe" erbrachte Mittelwerte von 3,43 für die Arbeitgeberseite und 3,70 für die Betriebsratsseite. Signifikante Abweichungen zwischen beiden Seiten waren nicht festzustellen. Das Ergebnis zeigt, daß Arbeitsverfahren und Arbeitsabläufe relativ häufig von Änderungen betroffen sind (vgl. Abbildung 26).

Abbildung 26:
Häufigkeit praktischer Probleme im Bereich der "Arbeitsverfahren und Arbeitsabläufe"

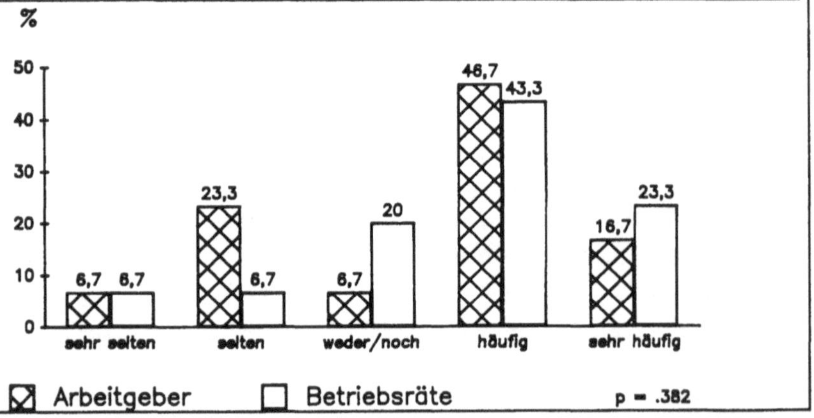

Als vierter Gegenstandsbereich sind im Gesetz die Arbeitsplätze genannt. Der Mittelwert lag hier bei 3,53 für die Arbeitgeberseite und betrug 4,13 für die Betriebsratsseite. Insbesondere die Betriebsräte sind der Meinung, daß bei geplanten Maßnahmen im Bereich der Arbeitsplätze recht häufig Probleme auftreten. Insgesamt gesehen ist dies der Gegenstandsbereich, der am häufigsten in der Praxis angesprochen wird. Für beide Seiten ergab sich hier der höchste Mittelwert von allen vier Gegenstandsbereichen (siehe Abbildung 27).

Abbildung 27:
Häufigkeit praktischer Probleme im Bereich der "Arbeitsplätze"

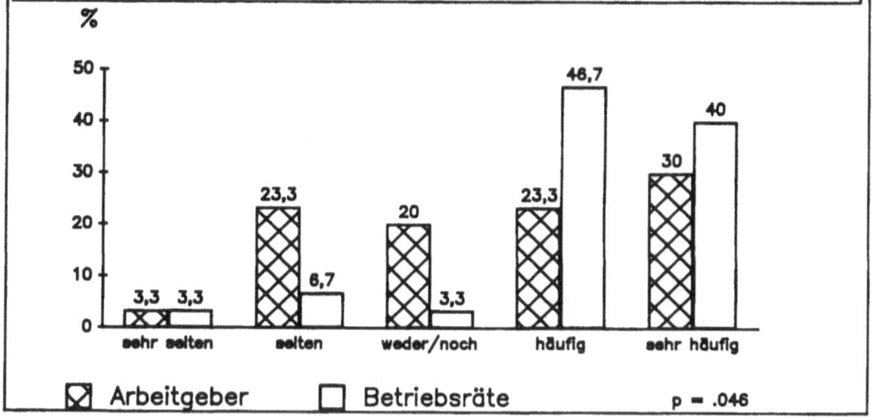

Betrachtet man alle vier Gegenstandsbereiche, die der Gesetzgeber im § 90 formuliert hat, im Zusammenhang, so zeigt sich, daß die Häufigkeit der praktischen Probleme vom Bereich 1 bis 4 offenbar zunimmt. Am häufigsten sind Arbeitsplatzfragen zu behandeln, gefolgt von Fragen der Arbeitsverfahren und Arbeitsabläufe sowie der technischen Anlagen. Mit der geringsten Häufigkeit treten Neu-, Um- und Erweiterungsbauten auf. Die Einschätzung der Arbeitgeber- und Betriebsratsseite weicht dabei nicht signifikant voneinander ab.

3. Wichtigkeit der einzelnen Mitwirkungsgegenstände

Im Anschluß an die Einschätzung der Häufigkeiten galt es herauszufinden, ob die einzelnen Bereiche hinsichtlich ihrer qualitativen Komponente unterschiedlich beurteilt werden. Deshalb richtete sich die nächste Frage auf die Wichtigkeit der einzelnen Bereiche für eine Humanisierung der Arbeit. Es wurde folgende Einschätzung abgefragt: „Wie würden Sie die Wichtigkeit der einzelnen Gegenstandsbereiche für eine Humanisierung der Arbeit beurteilen?“.

Zunächst fragten wir hier nach der Wichtigkeit des Gegenstandsbereiches „Neu-, Um- und Erweiterungsbauten“ für eine Humanisierung der Arbeit. Die Mittelwerte der Antworten beider Seiten lagen bei den Arbeitgebern bei 3,3 und bei den Betriebsräten bei 3,9. Damit ist erwiesen, daß dieser Gegenstandsbereich generell und weitgehend übereinstimmend als wichtig angesehen wird (vgl. Abbildung 28).

Abbildung 28:
Wichtigkeit des Gegenstandsbereichs "Neu-, Um- und Erweiterungsbauten"

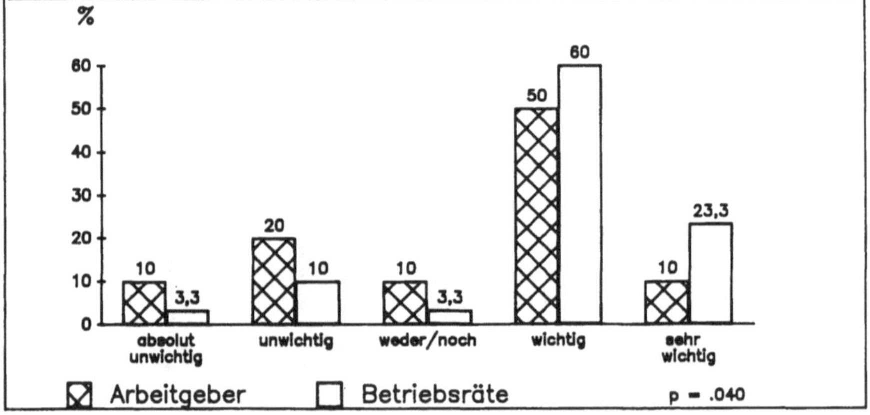

Ein ähnliches Bild ergab sich bei der Beurteilung der Wichtigkeit des Gegenstandsbereiches „Technische Anlagen“. Hier lagen die Mittelwerte noch höher, für die Arbeitgeberseite bei 3,67, für die Betriebsräte bei 4,2. Die Bedeutung der technischen Anlagen für die Humanisierung der Arbeit wird folglich als wichtig bzw. sehr wichtig eingestuft. Allerdings sahen 16,7% der Arbeitgeberseite den Gegenstandsbereich „Technische Anlagen“ für eine Humanisierung der Arbeit als unwichtig an. Dies wird jedoch mit der spezifischen Situation in dem jeweils befragten Betrieb zu begründen sein (vgl. Abbildung 29).

Auch der Gegenstandsbereich „Arbeitsverfahren und Arbeitsabläufe“ wird als sehr wichtig für eine Humanisierung der Arbeit angesehen. Der Durchschnitt der Antworten lag hier für die Arbeitgeberseite bei 4,03 und für die Betriebsräte bei 4,37 (vgl. Abbildung 30).

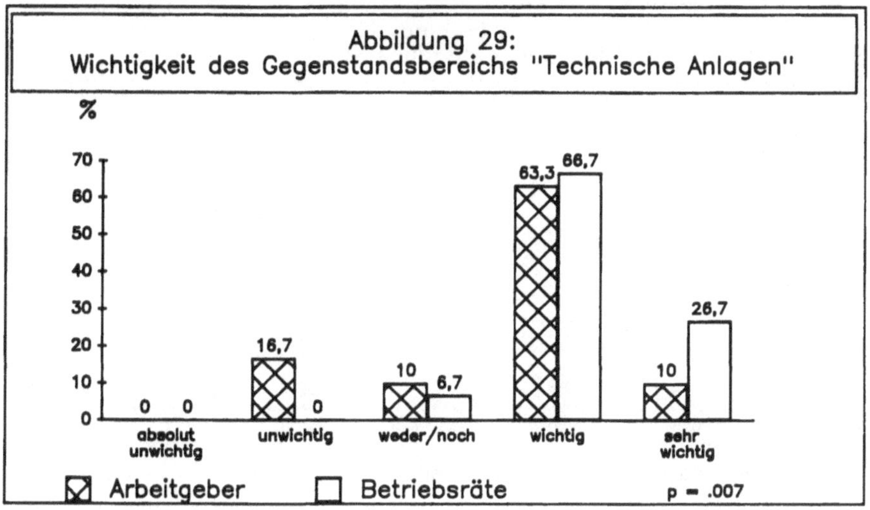

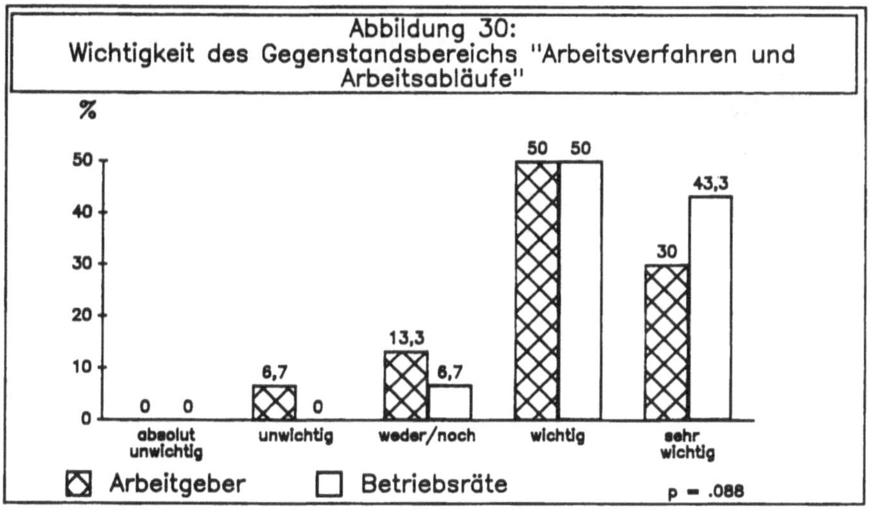

Ein ähnlich klares Bild erbrachte die Frage nach den Arbeitsplätzen. Beide Seiten kommen hier auf einen Mittelwert von 4,3. Sie liegen in der Einschätzung dieses Gegenstandsbereiches damit durchschnittlich zwischen den Attributen „wichtig“ bzw. „sehr wichtig“ (vgl. Abbildung 31).

Abbildung 31:
Wichtigkeit des Gegenstandsbereichs "Arbeitsplätze"

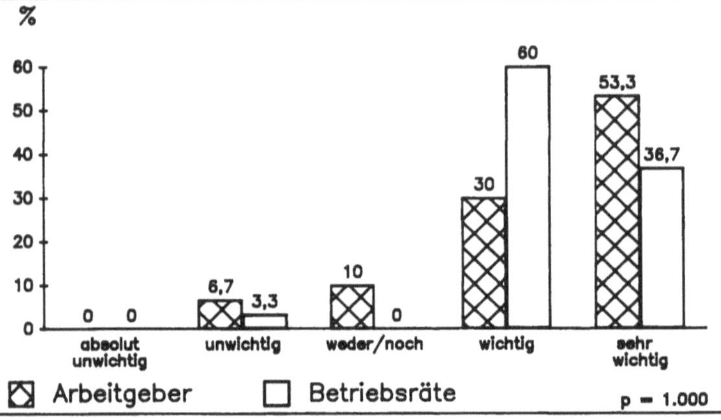

Betrachtet man die Einschätzungen insgesamt, so zeigt sich auch hier eine aufsteigende Reihenfolge in der Beurteilung der Wichtigkeit der einzelnen Gegenstandsbereiche. Je arbeitsplatznäher der Mitwirkungsgegenstand, desto höher die Einschätzung der Wichtigkeit für eine Humanisierung der Arbeit. Bemerkenswert ist jedoch, daß die durchschnittlichen Einschätzungen jeweils höher liegen als die Meinungen bei der Frage nach der Häufigkeit einzelner Problembereiche in der Praxis. Es läßt sich daraus folgern, daß keine kausale Beziehung zwischen der Einschätzung der Wichtigkeit der Einzelfragen und dem jeweiligen Gegenstandsbereich besteht. Auch die seltener auftretenden Neu-, Um- und Erweiterungsbauten werden als wichtig bzw. sehr wichtig für eine Humanisierung der Arbeit angesehen.

Insgesamt hat der Gesetzgeber mit den gewählten Formulierungen alle Bereiche, die für eine Humanisierung der Arbeit von Bedeutung sind, abgedeckt. Dabei kommt es nicht so sehr auf den einzelnen Beratungsgegenstand an als auf die generelle Partizipationsmöglichkeit bei allen geplanten Maßnahmen, die zu Veränderungen der Arbeitsgestaltung führen.

4. Häufigste Probleme in den letzten Jahren

Als letzte Frage innerhalb dieses Komplexes wurde nochmals eine offene Frage gestellt, um auch hier Raum für weitergehende Informationen zu geben. Sie lautete: „Mit welchen Fragen wurden Sie in bezug auf die §§ 90, 91 in den letzten Jahren am häufigsten konfrontiert?“. Damit sollten noch einmal die Gedanken auf die aktuellen praktischen Probleme gelenkt und außerdem ein Vergleich mit theoretischen Erkenntnissen oder anderen empirischen Ergebnissen ermöglicht werden.

Zum Befragungszeitpunkt standen Fragen der Gestaltung von Bildschirmarbeitsplätzen im Verwaltungsbereich, der Mikroelektronik im Bereich der Produktion und Fragen zu Personalinformationssystemen im gesamten Personalwesen im Mittelpunkt der theoretischen Diskussion. Es zeigte sich, daß die Stichworte Bildschirmarbeitsplätze, Personalinformationssysteme und Textverarbeitungsanlagen sowie der zunehmende Mikroelektronikeinsatz auch in der betrieblichen Praxis häufig angesprochen wurden. Hinzu kamen aber auch betriebsspezifisch geprägte Antworten, wobei Umbauten oder Investitionsvorhaben genannt wurden. Aktuelle Probleme bzw. Fragen die in einschlägigen Informationsschriften der Arbeitgeberverbände und Gewerkschaften sowie in Fachzeitschriften behandelt werden, scheinen die Praktiker gerade für diese Themen zu sensibilisieren. Damit kommt externen Informationsquellen eine große Bedeutung in der Lenkung der Aufmerksamkeit und des Interesses der Betriebspartner zu. So führt die Diskussion um die Bildschirmarbeit — als ein Beispiel — dazu, daß dieses Thema verstärkt in der Praxis aufgegriffen und in die Partizipationsaktivitäten einbezogen wird.

5. Zuständigkeiten

Auf der Arbeitgeberseite ist die Personalabteilung der übliche Gesprächspartner des Betriebsrats in Fragen des autonomen Arbeitsschutzes. Die Betriebsräte haben zwar durchweg direkten Zugang zur Geschäftsleitung, mit der konkreten Abwicklung der Informations- und Beratungsprozesse ist allerdings oftmals die Personalleitung betraut. Sie sorgt auch für die formale Abwicklung, z. B. das Versenden von Informationen an den Betriebsrat. Außerdem ist sie in den Beratungsgesprächen anwesend. Die Personalabteilung zieht auch je nach Sachlage häufig betriebliche Sachverständige hinzu, z. B. Sicherheitsingenieure, Betriebsärzte oder andere Spezialisten.

Bereits im Pretest wurde eine gewisse Parallele der Betriebsrätehierarchie zur Hierarchie in der Unternehmensorganisation festgestellt. In der Hauptuntersuchung sollte deshalb ermittelt werden, ob diese Tendenz den betrieblichen Alltag in den untersuchten Unternehmen widerspiegelt. Außerdem galt es zu erheben, wer beim Betriebsrat konkret für Fragen des autonomen Arbeitsschutzes zuständig ist und wie die Zuständigkeiten auf der Arbeitgeberseite im einzelnen geregelt sind (siehe Abbildung 32).

Insgesamt zeigt sich in den Einzelangaben, daß die verschiedenen Zuständigkeiten sehr stark von der Größe des Unternehmens geprägt sind. In kleineren Unternehmen ist durchweg der Betriebsratsvorsitzende selbst für Fragen des autonomen Arbeitsschutzes zuständig. In größeren Betriebsratsgremien werden dagegen spezielle Ausschüsse gebildet, oder ein Betriebsratsmitglied spezialisiert sich auf Fragen der Arbeitssicherheit und Arbeitsgestaltung.

Abbildung 32:
Zuständigkeiten im autonomen Arbeitsschutz

Arbeitgeberseite

Zuständigkeit	Nennungen
Geschäftsleitung	22
Geschäftsleitung plus	
Personalabteilung	10
Fachabteilungsleitung	9
Personalabteilung	6
Besondere Ausschüsse	2

Betriebsratsseite

Zuständigkeit	Nennungen
Betriebsratsvorsitzender	12
Besondere Ausschüsse	12
Gesamtgremium	6

(Doppelnennungen möglich.)

6. Zusammenfassung

Zusammenfassend ist festzuhalten, daß bei den Betriebspartnern in hohem Maße die Bereiche bekannt sind, für die der Gesetzgeber die §§ 90 und 91 geschaffen hat. Die Frage nach der Häufigkeit des Auftretens einzelner Mitwirkungsgegenstände in der Praxis spiegelt die betrieblichen Realitäten wider. So scheinen Baumaßnahmen eher selten vorzukommen, dagegen treten Veränderungen bei technischen Anlagen in der Arbeitsgestaltung (Arbeitsverfahren, Arbeitsabläufe) und am einzelnen Arbeitsplatz mit zunehmender Häufigkeit auf. Die Häufigkeit der einzelnen Problembereiche sagt jedoch nichts über deren Wichtigkeit aus. Beide Seiten sehen alle Gegenstandsbereiche, die der Gesetzgeber nennt, als wichtig für eine Humanisierung der Arbeit an. Dabei waren höhere Wertungen bei den Betriebsräten zu verzeichnen. Die von ihnen am häufigsten genannten Mitwirkungsgegenstände im autonomen Arbeitsschutz waren die auch in der praxisorientierten wie wissenschaftlichen Literatur diskutierten technologischen Veränderungen. Beispiele sind der Einsatz von Bildschirmarbeitsplätzen in allen Unternehmensbereichen und der Mikroelektronikeinsatz in der Produktion. Hinzu kamen die betriebsspezifischen Änderungsvorhaben.

In Hypothese H3 haben wir formuliert, daß die Informations- und Beratungsprozesse in Abhängigkeit von den zu lösenden praktischen Problemen in den genannten Gegenstandsbereichen unterschiedlich ablaufen können. Dies könnte bedeuten, daß über die Planung von Baumaßnahmen später oder weniger umfassend informiert wird als über vorgegebene Veränderungen der Arbeitsplätze. Bei der Analyse der Aussagen zu den unbestimmten Rechtsbegriffen wird diese

Frage erneut zu prüfen sein. Betrachtet man allerdings die Wichtigkeitseinschätzungen, so existieren kaum Unterschiede nach Gegenstandsbereichen.

Wenn die Arbeitgeberseite ebenso wie die Betriebsratsseite Umbaumaßnahmen, technische Anlagen, Arbeitsverfahren und Arbeitsabläufe sowie Arbeitsplatzfragen als annähernd gleichgewichtig ansieht, so dürfte es keine Unterschiede im Informations- und Beratungsverhalten geben.

Unterschiede lassen sich allenfalls hinsichtlich des Informationsumfangs vermuten. So können bei Baumaßnahmen Pläne, Genehmigungen und Gutachten für eine Beurteilung notwendig sein, während für einzelne Arbeitsplatzmaßnahmen telefonische Rückfragen ausreichen.

Mitwirkungsaktivitäten der Betriebsräte nach § 90 BetrVG wurden in den letzten Jahren insbesondere durch den Einsatz neuer Technologien, die mit Mikroelektronik verbunden waren, ausgelöst. Der autonome Arbeitsschutz ist damit eng mit dem aktuellen technologischen Wandel verknüpft. Dies gilt für den Technikeinsatz im kaufmännischen Bereich ebenso wie in der Produktion.

Die Zuständigkeit für Fragen des autonomen Arbeitsschutzes ist von der Unternehmensgröße abhängig. In größeren Unternehmen werden spezielle Ausschüsse gebildet, in kleineren Unternehmen ist meist der Betriebsratsvorsitzende allein zuständig. Das unterstreicht ebenfalls die Bedeutung, die dieser Rechtsnorm beigemessen wird.

D. Die unbestimmten Rechtsbegriffe des § 90 BetrVG

Der autonome Arbeitsschutz in § 90 BetrVG basiert auf einer Unterrichtung des Betriebsrats durch den Arbeitgeber über Planungsaktivitäten in den genannten Gegenstandsbereichen des Gesetzes. Auf die Information folgt nach dem Wortlaut des Textes die Beratung. Bereits in diesem Zusammenhang benutzt der Gesetzgeber unbestimmte Rechtsbegriffe. Es wird z. B. nicht näher erläutert, was unter dem Begriff der Planung und der rechtzeitigen Unterrichtung zu verstehen ist. Auch der Informationsumfang oder die Beratungsaktivitäten sind nicht näher festgelegt. Und die Formulierungen „Art der Arbeit" und „Anforderungen an die Arbeit" sind ebenfalls inhaltlich zu präzisieren. Das gleiche gilt für den zweiten Satz des § 90. Danach sollen die vorgesehenen Maßnahmen den „gesicherten arbeitswissenschaftlichen Erkenntnissen" über die „menschengerechte Gestaltung der Arbeit" entsprechen. Hier sind zunächst die Begriffe der „Menschengerechtigkeit" und der „Gesichertheit" zu konkretisieren. Die konkrete Ausgestaltung des autonomen Arbeitsschutzes in der Praxis wird schließlich davon beeinflußt werden, was als „arbeitswissenschaftliche Erkenntnis" gilt.

Die Auslegungsbedürftigkeit des § 90 (und auch des § 91) wurde bereits vom Gesetzgeber erkannt. Man wollte jedoch durch die offenen Formulierungen den

Praktikern Gelegenheit geben, die jeweils neuesten Erkenntnisse aus Theorie und Praxis in ihre Arbeitsgestaltungsüberlegungen einzubeziehen. Daß es dabei um die Meinung der Betriebspartner (Arbeitgeber und Betriebsrat) geht, ergibt sich aus der gesamten Anlage des Gesetzes. So sind die Ergebnisse der Mitwirkungsaktivitäten nach § 90 keiner richterlichen Überprüfung zugänglich. Lediglich die Frage, ob ein konkreter Sachverhalt unter § 90 fällt (z. B. der Einsatz von Bildschirmgeräten), kann vor dem Arbeitsgericht geklärt werden. (Vgl. Kreikebaum / Herbert [Humanisierung] 1988, 145-146).

Die Anlage unserer empirischen Untersuchung folgt deshalb auch in diesem Teil den im Gesetz genannten unbestimmten Rechtsbegriffen. Die Antworten der Betriebspartner sollen zeigen, wie das Gesetz von den beteiligten Praktikern verstanden wird. Sie sollen außerdem Hinweise darauf geben, welche konkreten Folgen für die Arbeitsgestaltung in der Praxis zu erwarten sind. Anknüpfungspunkt für § 90 BetrVG ist die Planung solcher Veränderungen im Betrieb, die Auswirkungen auf die Arbeitsgestaltung haben.

1. Der Begriff „Planung“

Fragen der strategischen und operativen Planung stoßen in den Unternehmen auf zunehmendes Interesse (siehe Kreikebaum [Unternehmensplanung] 1989). Auch hier interessierte uns zunächst die spontane Interpretation der Beteiligten. Unsere erste Frage lautete deshalb: „Der § 90 BetrVG bezieht sich auf die Planung von Maßnahmen innerhalb der bereits genannten Gegenstandsbereiche der Rechtsnorm. Was verstehen Sie unter dem Begriff der Planung, wie er in § 90 gebraucht wird?“.

a) Die Auslegung durch die Befragten

Sieht man die Antworten im einzelnen durch, so ergibt sich ein unterschiedliches Bild bei den Arbeitgebern und Betriebsräten. Sechs Arbeitgebervertreter interpretierten den Planungsbegriff als „frühzeitige Feststellung von Handlungsbedarf“ oder rückten ihn in die Nähe von Vorüberlegungen. Dagegen machten 13 Arbeitgebervertreter Planung an der Realisationschance eines Projektes fest. Sie waren der Meinung, daß die Überlegungen der Unternehmensleitung abgeschlossen sein müßten bzw. ein konkretes Ziel vor Augen stehen sollte. Auch die absehbare Realisation wird in diesem Zusammenhang genannt. „Wir müssen wissen, was wir wollen.“ Eine dritte Gruppe (acht Nennungen) rückt den Planungsbegriff in die Nähe der Verwirklichung und interpretiert ihn als „vor dem Abschluß eines Kaufvertrages“ stehend, vor Auftragsvergabe, vor Verwirklichung oder nach der Plangenehmigung durch die Unternehmensleitung.

Insgesamt sieht man Planung auf der Arbeitgeberseite tendenziell realisationsnah. Mehrheitlich wird von Planung dann gesprochen, wenn die künftigen Veränderungen zudem eine hohe Realisationschance besitzen, mittelfristigen Charakter haben und konkrete Vorhaben betreffen oder wenn konkrete Entwürfe und Absichten vorliegen.

Auf der Betriebsratsseite zeigten sich andere Vorstellungen. Die Betriebsräte rücken Planung eindeutig näher an das Stadium der Vorüberlegungen bzw. der Formulierung erster Ideen. Der Arbeitgeberseite erscheint dieses Stadium offenbar als zu früh, was damit begründet wurde, daß viele Pläne auch wieder in der Schublade verschwinden, und es nicht sinnvoll sein könne, schon vorher in einen Abstimmungsprozeß mit dem Betriebsrat einzutreten. Insgesamt zeigt sich, daß bei offener Interpretation doch ein erheblicher Gegensatz zwischen der Arbeitgeberseite und den Betriebsräten festgestellt werden kann. Die Unterschiedlichkeit der konkreten Antworten deutet jedenfalls darauf hin, daß erhebliche Unsicherheiten bei der Interpretation von unbestimmten Rechtsbegriffen wie „Planung" bestehen.

b) Gewünschte Auslegung des Planungsbegriffs

In der folgenden Fragestellung wurde auf Interpretationen des Plaungsbegriffs in der Literatur zurückgegriffen. Planen bedeutet dort das Gegenteil von Improvisieren. Es ist gekennzeichnet durch die geistige Beschäftigung mit der Zukunft, das konkrete Prüfen von alternativen Handlungsmöglichkeiten unter bestimmten künftigen Umweltsituationen und das Auswählen einer Alternative (Entscheidung). Unter Planung wird die „zukunftsbezogene Tätigkeit verschiedener Planungsträger in Organisationen verstanden. Planung ist also diejenige kollektive Tätigkeit in Organisationen, die zum gegenwärtigen Zeitpunkt eine Entscheidung vorbereitet ... Durch die Art der Planung werden die Struktur des Planungssystems und der Ablauf der Planungsprozesse bestimmt." (Kreikebaum [Unternehmensplanung] 1989, 23). Ein Plan ist dann das konkrete Ergebnis der Planung. In ihm ist fixiert, wie in der Zukunft vorgegangen wird. Er legt fest, wer was, warum, womit, wann und unter welchen Annahmen erreichen soll.

Planung im Unternehmen dient der „Bewältigung unternehmerischer Zukunftsprobleme" (Szyperski / Mußhoff [Planung] 1989, 1427). Planung kann dabei als ureigenes menschliches Vermögen angesehen werden. Die menschliche Intelligenz erlaubt es, nicht im bloßen Augenblick zu leben, sondern zum einen auf die Erfahrungen der Vergangenheit zurückzugreifen, und zum anderen eine wünschenswerte Zukunft zu entwerfen. Planung ist damit eng verbunden mit dem Gestaltenwollen (vgl. Szyperski / Mußhoff [Planung] 1989, 1428-1429).

Zwischen dem Auslöser eines Planungsprozesses und dem konkreten Plan, der schließlich verwirklicht werden soll, liegt ein Zeitraum, in dem die Planung verschiedene Schritte durchläuft. Diese Schritte werden auch als Planungsphasen bezeichnet. Sie sind gekennzeichnet durch einen zunehmenden Konkretisierungsgrad und verbunden mit einer zunehmenden Nichtrevidierbarkeit getroffener Teilentscheidungen. In der Praxis folgen Planungsprozesse allerdings keiner idealtypischen Schrittfolge, sondern sind von ständigen Feedback-Prozessen und Abstimmungsaktivitäten auf der Suche nach alternativen Wegen sowie der Revidierung von Teilentscheidungen begleitet (vgl. Witte [Phasen-Theorem] 1968).

Für die Konkretisierung unserer Fragestellung war es trotzdem sinnvoll, nach der offenen Abfrage einen idealtypischen Planungsablauf als Konkretisierungsraster des Planungsbegriffs zugrundezulegen. Nur so schien es möglich, konkretere Aussagen der Betriebspartner dahingehend zu erhalten, welchen Zeitpunkt bzw. welchen Konkretisierungsgrad sie mit dem Planungsbegriff verbinden. Der zugrundegelegte Planungsbegriff müßte — sofern er im Unternehmen einheitlich ausgelegt wird — den Informationszeitpunkt bestimmen.

In der Vorgabe wurde der Planungsprozeß in die folgenden sechs Phasen zerlegt:

Phase 1: Die aufgrund einer erkannten betrieblichen Problematik (z. B. Kapazitätsgrenzen) einsetzende Suche nach Lösungsmöglichkeiten.

Diese Phase beschreibt das Such- bzw. Ideenstadium. Eine betriebliche Problematik löst erste Informationsaktivitäten bei den Betroffenen aus.

Phase 2: Die Formulierung von Lösungsalternativen durch die Geschäftsleitung oder durch die Fachabteilung.

In dieser Phase werden die beschafften Informationen bereits zu Lösungen verdichtet, die möglich erscheinen. In der Praxis würde das bedeuten, daß die Geschäftsleitung oder Fachabteilungen eine Übersicht über gangbare Wege für die Zukunft vorlegen. Eine endgültige Entscheidung ist hier jedoch noch nicht gefallen.

Phase 3: Die Vorauswahl gangbarer Alternativen durch die Geschäftsleitung.

In dieser Phase hat bereits eine Bewertung stattgefunden. Allerdings bleiben noch verschiedene Alternativen vorhanden, da nur die schlechtesten Alternativen bereits aussortiert wurden.

Phase 4: Die Bewertung der ausgewählten Alternativen durch die Geschäftsleitung anhand vorgegebener Kriterien.

Hier werden die noch verbliebenen Alternativen einem Bewertungsprozeß unterzogen. In diese Bewertung können ökonomische, organisatorische, technische oder andere (z. B. ökologische) Kriterien einfließen.

Phase 5: Die Entscheidung für eine Alternative.

Zu diesem Zeitpunkt werden die bewerteten Alternativen miteinander verglichen und die Entscheidung für einen Weg getroffen. Das Ergebnis wird der konkrete Plan sein.

Phase 6: Die Festlegung der Details zur Durchführung der Maßnahme.

In dieser Phase ist festzulegen, wer die geplante Maßnahme durchsetzt, welche konkreten Schritte unternommen werden müssen, und wer die Durchsetzung kontrolliert.

Wir haben zunächst erhoben, welche Auslegung des Planungsbegriffes gewünscht wurde. Die Gesprächspartner hatten deshalb die Frage zu beantworten: „In welchem der verschiedenen denkbaren Planungsstadien sollte vom Betriebsrat eingegriffen werden können?“ Die Ergebnisse zeigt die Abbildung 33.

Abbildung 33:
Gewünschte Auslegung des Planungsbegriffs

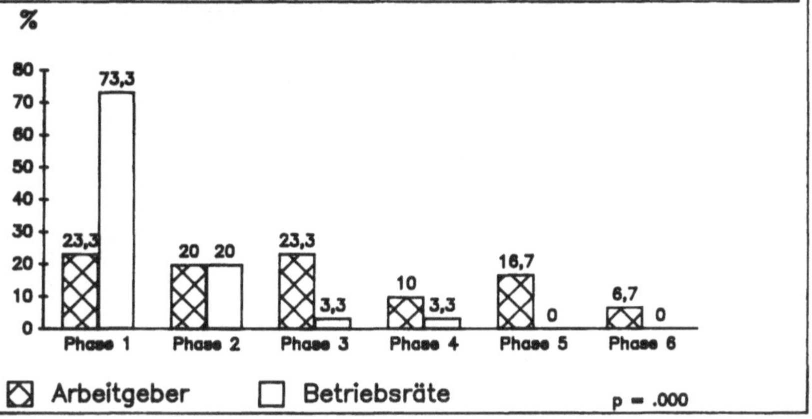

Mehr als zwei Drittel der Betriebsräte wünschen sich eine Auslegung des Planungsbegriffes, wie sie als Phase 1 definiert wurde. Die Antworten der Arbeitgeberseite zeigen dagegen ein etwas gemischtes Bild, wobei nur die Phase 6 mit 6,7% als Auslegungswunsch deutlich abfällt. Diese Beschreibung beschreibt offenbar eine zu große Realisationsnähe geplanter Maßnahmen.

Interessant ist eine Analyse der Mittelwerte. So liegt der Mittelwert bei den Arbeitgebervertretern bei 3,1, bei den Betriebsräten bei 1,47. Der p-Wert von .000 weist eine hoch signifikant unterschiedliche Auslegung zwischen den beiden Parteien aus. Die Betriebsräte wünschen sich danach eine Interpretation, die bereits sehr früh (im Ideenstadium) von Planung spricht.

c) Reale Auslegung des Planungsbegriffs

Neben der erhobenen gewünschten Auslegung ist von Interesse, wie der Planungsbegriff in der betrieblichen Realität ausgelegt wird. Die Frage dazu lautete:

„Wann werden in der betrieblichen Realität Mitwirkungsmöglichkeiten eingeräumt?". Auch hier wurden die sechs Planungsphasen als Antwortraster vorgelegt. Das Ergebnis enthält die Abbildung 34.

Abbildung 34:
Reale Auslegung des Planungsbegriffs

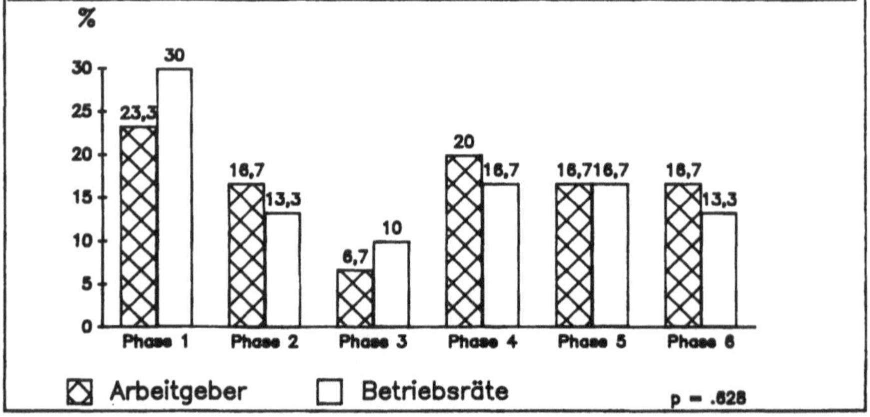

Hier zeigt sich bei beiden Seiten ein fast ausgeglichenes Bild. Die Mittelwerte liegen für die Arbeitgeberseite bei 3,4, für die Betriebsratsseite bei 3,17. Der Signifikanzwert (p = .628) weist aus, daß bei dieser Frage keine signifikanten Meinungsunterschiede zwischen beiden Seiten vorhanden sind.

Wir haben uns gefragt, wie sich dieses Ergebnis erklären läßt. Es ist zu vermuten, daß in jedem der befragten Unternehmen eine implizit vorhandene Interpretation des Begriffes Planung existiert. Alle sechs Begriffe scheinen sich danach fast gleich verteilt in der betrieblichen Praxis wiederzufinden. Über die Gründe der unterschiedlichen Interpretation läßt sich nur spekulieren. Hier könnten wieder die gewachsenen betrieblichen Verhältnisse ihren besonderen Einfluß geltend gemacht haben.

Vergleicht man die gewünschte mit der realen Auslegung des Planungsbegriffes, so scheint die Arbeitgeberseite letztlich in Wunsch und Realität übereinzustimmen. Die Betriebsräte wünschen sich dagegen eine Auslegung, die an sehr frühe Phasen der Planung anknüpft. Auch die Betriebräte sind der Meinung, daß der Planungsbegriff in der Praxis so ausgelegt wird, daß er einem möglichst späten Stadium (kurz vor der Entscheidung) entspricht. Sie wünschen sich aber eine an früheren Zeitpunkten orientierte Interpretation. Aus Betriebsratssicht besteht somit ein Änderungsbedarf bzw. Konkretisierungsbedarf.

Bei der gewünschten wie auch bei der realen Auslegung des Planungsbegriffes wurde noch danach gefragt, ob es Unterschiede hinsichtlich der einzelnen im Gesetz genannten Gegenstandsbereiche gäbe. Wir stellten jedoch bei beiden Fragen keine Unterschiede in den Antworten nach den einzelnen vier Gegenstandsbereichen fest. Die einzelnen Antworten spiegelten vielmehr das Gesamtbild wider. Ob es um den Bau von Neu-, Um- oder Erweiterungsbauten oder auch nur um die Veränderung eines einzelnen Arbeitsplatzes geht, scheint demnach für die Auslegung dieses Begriffes keine Rolle zu spielen.

Grundsätzlich wird im Betriebsverfassungsgesetz der Arbeitgeber auf eine „rechtzeitige" Einbeziehung des Betriebsrates in die Planung verpflichtet. Doch bereits die Auslegung des Planungsbegriffs hat eine Auswirkung darauf, ob und wann der Betriebsrat informiert wird. Interpretiert man Planung nach Phase 1, so würde der Betriebsrat automatisch über eine Vielzahl von im Betrieb laufenden Planungsprozessen unterrichtet. Diese würden auch Planungsprozesse umfassen, die letztendlich nicht weiterverfolgt werden. Vorteilhaft für den Betriebsrat wäre hierbei, daß er bei allen Planungsprozessen seine Ideen einbringen könnte; nachteilig wäre die Menge der Daten, über die er informiert würde. Wird der Betriebsrat dagegen nur über Planungsprozesse informiert, die z. B. bereits die Phase 5 erreicht haben, so können seine Ideen nur noch in diejenige Alternative eingebracht werden, die von der Geschäftsleitung bereits vorher verabschiedet worden ist. Vorteilhaft für den Betriebsrat ist hier die begrenzte Menge der Entscheidungen, die ihm vorgelegt werden. Nachteilig erscheint aber, daß möglicherweise in seinem Sinne vorteilhafte Alternativen bereits eliminiert wurden. Hinzu kommt, daß bereits getroffene Teilentscheidungen die Revidierbarkeit geplanter Maßnahmen vermindern.

Planungsaktivitäten bilden den Auslöser eines Mitwirkungsprozesses nach § 90 BetrVG. Das Betriebsratsrecht wird demnach zunächst von formalen Prozeduren im Unternehmen ausgelöst. Daß bereits hier gravierende Unterschiede in den Einschätzungen der Betriebspartner vorliegen, zeigen die gefundenen Ergebnisse mit großer Deutlichkeit. Sie zeigen aber auch, daß man in der Einschätzung der Realität keineswegs von einem Wunschdenken geleitet ist.

2. Der Begriff „Rechtzeitigkeit"

Ob eine Information des Betriebsrates durch die Unternehmensleitung „rechtzeitig" erfolgte, ist in Entscheidungsprozessen der Praxis nur ex post zu ermitteln. Zur Auslegung dieses unbestimmten Rechtsbegriffes formulierten wir auch hier zuerst eine offene Frage: „Nach § 90 ist der Betriebsrat rechtzeitig über die geplanten Maßnahmen zu unterrichten. Was unter einer rechtzeitigen Unterrichtung zu verstehen ist, ist jedoch nicht weiter erläutert. Was würden Sie als eine rechtzeitige Unterrichtung ansehen?"

Das Ergebnis spiegelt sich in einer Vielfalt unterschiedlicher Antworten wider. Diese sind nachfolgend erneut vollständig aufgelistet.

a) Die Auslegung durch die Befragten

Fast zwei Drittel der Arbeitgebervertreter verbinden den Begriff der Rechtzeitigkeit mit der Möglichkeit, von der Betriebsratsseite aus noch einzugreifen. Entscheidungen dürfen danach noch nicht unabänderlich getroffen worden sein. Die geplanten Maßnahmen müssen noch „offen" sein. Es wird auch darauf hingewiesen, daß dem Betriebsrat Zeit zur internen Meinungsbildung zur Verfügung stehen muß. Fünf Arbeitgebervertreter sehen es als rechtzeitig an, wenn der Konkretisierungsgrad der Planung so groß ist, daß Entscheidungsalternativen vorliegen. Als formaler Anknüpfungspunkt wird das Ende der Entscheidungsfindung in der Geschäftsleitung und der Informationszeitpunkt betroffener Führungskräfte genannt.

Die Antworten der Betriebräte lassen sich auf zwei Interpretationen reduzieren, die fast gleichgewichtig genannt werden:

Erstens bedeutet Rechtzeitigkeit, daß noch ausreichend Zeit bleibt, die Betriebsratsmeinung in den Entscheidungsprozeß einzubringen. Dafür wird bereits ein gewisser Konkretisierungsgrad der Planung vorausgesetzt.

Zweitens bedeutet Rechtzeitigkeit, daß im Unternehmen bzw. bei der Geschäftsleitung nur Ideen, Absichten oder Gedanken hinsichtlich künftiger Veränderungen vorhanden sind. Hier ist die konkrete Planung noch nicht angelaufen.

Insgesamt divergierten die Meinungen der beiden Seiten in diesem Punkt nicht so stark wie bei der Auslegung des Planungsbegriffes. Auch die befragten Arbeitgebervertreter waren mehrheitlich der Meinung, daß der Betriebsrat so frühzeitig informiert werden müsse, daß er noch Zeit finde, in seinen Gremien Entscheidungen zu treffen. Die Hälfte der Betriebsräte will jedoch bereits in der Ideenphase informiert werden.

b) Gewünschte Informationszeitpunkte

Nach der offenen Frage wurden für mögliche Unterrichtungszeitpunkte sieben Antwortmöglichkeiten vorgegeben:

Phase 1: Wenn auf der Arbeitgeberseite Zukunftsmaßnahmen erstmals als Idee formuliert werden (schriftlich oder mündlich).

Phase 2: Wenn Fachabteilungen, Stäbe oder Berater beauftragt werden, ein „Problem" zu analysieren.

Phase 3: Wenn Fachabteilungen, Stäbe oder Berater beauftragt werden, alternative Lösungskonzepte zu erarbeiten.

Phase 4: Wenn die Lösungskonzepte zur Beurteilung bei der Geschäftsleitung vorgelegt werden.

Phase 5: Wenn die Alternativen nach verschiedenen Kriterien bewertet werden.

Phase 6: Wenn die Entscheidung für eine Alternative gefallen ist.

Phase 7: Wenn die konkreten Schritte zur Durchführung eingeleitet werden.

Auch hier haben wir zunächst nach dem gewünschten Informationszeitpunkt gefragt und anschließend nach der Handhabung in der betrieblichen Realität. Bezüglich der gewünschten Informationszeitpunkte ergab sich das in Abbildung 35 gezeigte Bild.

Abbildung 35:
Gewünschte Informationszeitpunkte nach § 90 BetrVG

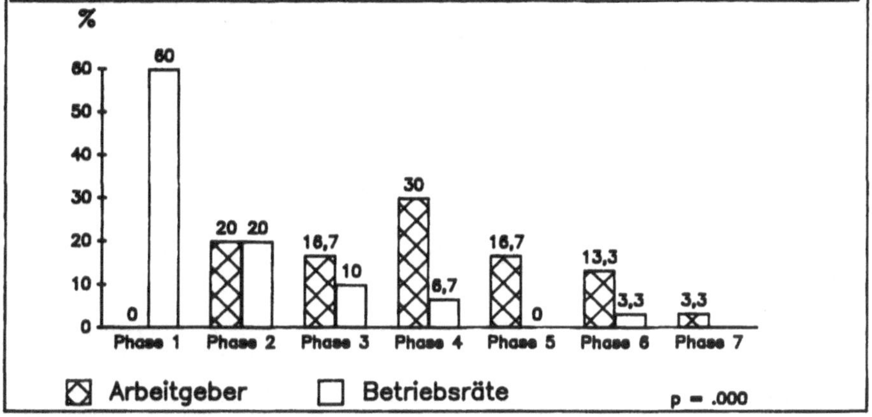

Hinsichtlich des gewünschten Informationszeitpunktes besteht ein deutlicher Unterschied in der Meinung der Arbeitgeber und Betriebsräte (p = .000). Auch die Mittelwerte von 3,86 für die Arbeitgeberseite und von 1,77 für die Betriebsräte weisen aus, daß man hier unterschiedlicher Meinung ist. Die Arbeitgeber wünschen sich danach eine Auslegung des Begriffs der Rechtzeitigkeit, die der Definition von Phase 5 entspricht. Der Betriebsrat sollte informiert werden, wenn es um die Bewertung von Alternativen geht, eine Entscheidung jedoch noch nicht gefallen ist. Die Betriebsräte wünschen sich dagegen eine Information in Phase 1 oder 2. Unterschiedliche Beurteilungen hinsichtlich einzelner Gegenstandsbereiche des Gesetzes waren nicht festzustellen.

c) Reale Informationszeitpunkte

Die nächste Frage galt dem realen Informationszeitpunkt in der betrieblichen Praxis (siehe Abbildung 36).

Abbildung 36:
Reale Informationszeitpunkte nach § 90 BetrVG

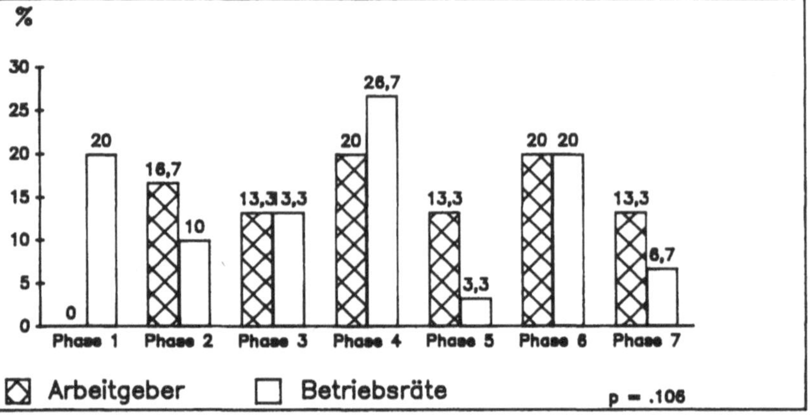

Die Mittelwerte hinsichtlich der realen Informationszeitpunkte lagen bei den Arbeitgebern bei 4,48 und bei den Betriebsräten bei 3,70. In der Realität wird danach später informiert, als es beide Seiten für wünschenswert hielten. Es fällt aber auf, daß 20% der Betriebsräte angaben, bereits in Phase 1 informiert zu werden.

Stellt man die Frage, wie die gleichartige Wertungstendenz bei beiden Fragen zu erklären ist, so erscheint es plausibel, daß in den Betrieben offenbar eine gewachsene Verhaltensweise hinsichtlich der Informationsaktivitäten existiert. Es scheinen sich allgemein akzeptierte Informationszeitpunkte herausgebildet zu haben, die offenbar auch weitgehend den Wünschen entsprechen. Allerdings sind auch hier die Betriebsräte der Meinung, daß früher informiert werden müßte.

d) Empfundene Rechtzeitgkeit der Information in der Praxis

Nach dieser Einordnung in ein vorgegebenes Schema interessierte uns, wie die Wahl der Informationszeitpunkte in der Praxis von den Betriebsparteien empfunden wird. Dazu wurde die Frage formuliert: „Bezüglich der Rechtzeitigkeit wird teilweise gefordert, daß die Unterrichtung des Betriebsrates so frühzeitig erfolgen müßte, daß diesem noch genügend Zeit für Mitwirkungsmaßnahmen bleibt. Ist dies in Ihrem Unternehmen in den einzelnen Gegenstandsbereichen des § 90 gewährleistet oder nicht gewährleistet?“. Zur Beurteilung war eine Fünferskala von „sehr frühzeitig“ bis „sehr spät“ als Beurteilung des Informationszeitpunktes vorgegeben. Für den Bereich der Neu-, Um- und Erweiterungsbauten ergaben sich die in Abbildung 37 dargestellten Ergebnisse.

Abbildung 37:
Beurteilung des Informationszeitpunktes bei der Planung von "Neu-, Um- und Erweiterungsbauten"

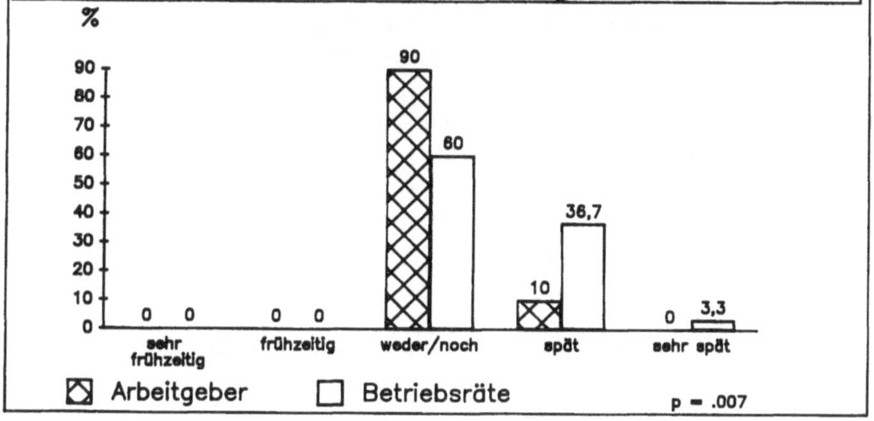

Der Mittelwert liegt hier für die Arbeitgeberseite bei 3,1, für die Betriebsratsseite bei 3,4. Dieses Ergebnis zeigt, daß beide Seiten die realen Informationszeitpunkte keineswegs in den Bereich von „frühzeitig" bzw. „sehr frühzeitig" rücken. Der Signifikanzwert p = .007 weist aus, daß die Betriebsräte hier eine signifikant unterschiedliche Beurteilung gegenüber der Arbeitgeberseite vornehmen. Nach ihrer Meinung wird doch eher zu spät oder sehr spät informiert.

Ein ähnliches Bild ergab sich bei der Analyse der drei weiteren im § 90 genannten Gegenstandsbereiche (Planung von „technischen Anlagen", „Arbeitsverfahren und Arbeitsabläufen" sowie „Arbeitsplätzen").

Die Mittelwerte lagen bei allen drei Fragen bei 3,1 für die Arbeitgeberseite und bei 3,47 für die Betriebsratsseite. Die Signifikanzwerte lagen zwischen p = .003 und p = .009.

e) Informationsinitiatoren

Nach Aussagen der Arbeitgeberseite geht in der Mehrzahl der Fälle (18 Nennungen) die Informationsinitiative von der Geschäftsleitung aus. In Einzelfällen ist auch die Produktionsleitung oder die Planungs- bzw. Organisationsabteilung verantwortlich. In neun Betrieben kommt der Personalleitung eine Mittlerfunktion zu. Dies gilt insbesondere in größeren Betrieben, in denen zudem eine Aufteilung nach der Bedeutung der geplanten Maßnahmen festzustellen war. Der Vorstand informierte den Betriebsrat über Baumaßnahmen oder technische Veränderungen, die Personalabteilung war für Arbeitsplatzfragen zuständig. Sechs Arbeitgebervertreter konzidierten, daß manchmal auch der Betriebsrat die

Initiative ergreift, nach dem Motto: „Da habt Ihr ja wieder was gemacht." Bei besonderen Belastungen geht die Initiative auch vom einzelnen betroffenen Mitarbeiter aus.

Die Betriebsräte haben eine andere Meinung darüber, wer Informationsprozesse nach § 90 initiiert. Ein Drittel der Betriebsräte sieht die Initiative bei der Geschäftsleitung und ein weiteres Drittel bei der jeweils betroffenen Fachabteilung. Das letzte Drittel formulierte: „Die Arbeitsgeberseite sollte informieren, der Betriebsrat muß jedoch oft selbst tätig werden." Ein erheblicher Anteil der Betriebsräte ist demnach der Meinung, daß eine Information nur auf eigene Initiative erfolgt. Dies würde dem Geist des autonomen Arbeitsschutzes widersprechen und deutet auf empfundene formale Vollzugsdefizite im autonomen Arbeitsschutz hin.

3. Der Begriff „umfassende Information"

In § 90 wird keine Aussage zum Informationsumfang bzw. zur Form der Information gemacht. Generell läßt sich allerdings aus dem BetrVG herleiten, daß die Arbeitgeberseite zu einer umfassenden Information des Betriebsrats verpflichtet ist (vgl. z. B. § 87). Die Pflicht zu einer umfassenden Information wird auch von den Kommentaren zum BetrVG betont (vgl. Fitting u.a. [Betriebsverfassungsgesetz] 1987, Rn. 6 zu § 90, mit Hinweis auf die generelle Regelung in § 80 BetrVG). Allerdings stellt der Begriff der „umfassenden" Information selbst wieder einen in der Praxis mit Inhalt zu füllenden Rechtsbegriff dar. Was als umfassende Information anzusehen ist, kann inhaltlich oder formal interpretiert werden. Die inhaltliche Frage knüpft an die Qualität der Information an, die formale Frage an die dargebotene Form oder den Informationsweg. Beides kann korrespondieren, wenn z. B. eine inhaltlich umfassende Information nur auf schriftlicher Basis erfolgen kann.

Zunächst wurde auch hier eine Frage formuliert, die eine freie Interpretation zuließ. Sie lautete: „Was würden Sie in Bezug auf § 90 als „umfassende Information" ansehen?". Die Antworten waren erneut äußerst vielfältig.

Sieht man die Antworten der Arbeitgeberseite im einzelnen durch, so zeigt sich, daß man dem Betriebsrat im Prinzip durchaus die Informationen verschaffen will, die er als Entscheidungsgrundlage benötigt. Hierzu können Pläne, Zeichnungen, Angebote, Prospekte, Berechnungen oder die Analyse von Alternativen gehören. Teilweise geht man dabei sehr weit: „Der Betriebsrat muß alles wissen, was er braucht, um eine sinnvolle Stellungnahme abgeben zu können."

Die Antworten der Betriebsräte heben auf eine sehr umfassende Information über alle Details der geplanten Maßnahmen ab. Teilweise werden auch formale Aspekte angesprochen, wie der Wunsch nach schriftlicher Information oder der Beifügung von Plänen. Auf die formalen Aspekte soll allerdings später noch näher eingegangen werden. Man ist aber auch selbstkritisch. Ein Betriebsrat formulierte: „Jeder glaubt, er informiere umfassend. Der Betriebsrat muß definieren, welche Informationen er braucht."

Zur Beurteilung des gewünschten und realen Informationsumfangs wurden anschließend sieben Möglichkeiten vorgegeben. Die Frage lautete jetzt: „Wir haben den Begriff des Informationsumfanges näher präzisiert. Was würden Sie nach diesen Angaben als „umfassend" ansehen?".

„Umfassende" Unterrichtung kann danach verstanden werden als:

1. Schriftliche Information unter Beifügung von Plänen, Zeichnungen, Gutachten und anderen entscheidungsrelevanten Unterlagen.
2. Schriftliche Information und Möglichkeiten der Einsichtnahme in die oben genannten Unterlagen.
3. Schriftliche Information über geplante Vorhaben.
4. Telefonische Information mit Anfragen, welche Unterlagen der Betriebsrat benötigt.
5. Telefonische Information über geplante Vorhaben.
6. Mündliche und erbetene schriftliche Information.
7. Mündliche persönliche Information über geplante Vorhaben.

Beurteilt man die sieben Definitionen nach dem Umfang der Unterrichtung, so ist zweifellos die Definition 1 als umfassendste Unterrichtungsart anzusehen. Bei Definition 7 handelt es sich dagegen eher um eine Kurzinformation, die kaum Details enthält.

Sowohl bei der Arbeitgeberseite als auch bei der Betriebsratsseite war eine Polarisierung zu vermerken. Rund ein Drittel der Arbeitgeber wünschten sich einen Informationsumfang nach Definition 1 und 2, fast 50 % empfanden die Definition 6 und 7 als zutreffend. Deutlich wurde auch die Tendenz, einen Informationszeitpunkt nach den Entscheidungsbildungsprozessen auf Arbeitgeberseite zu bevorzugen. Auf Betriebratsseite zeigte sich verständlicherweise ein umgekehrtes Bild. Unterschiede hinsichtlich der gewünschten und realen Auslegung ergaben sich hierbei nicht.

4. Der Begriff „Beratung"

Neben der Information durch die Arbeitgeberseite sieht §90 BetrVG als weitergehendes Mitwirkungsrecht die Beratung geplanter Maßnahmen zwischen Arbeitgeber und Betriebsrat vor. Auch hier können formale und inhaltliche Ausgestaltungsmaßnahmen den konkreten Einfluß der Betriebsratsseite auf die geplanten Maßnahmen verändern (vgl auch Kreikebaum / Bokranz [Planungsprozesse] 1983). Es wurde deshalb erhoben, wie sich das Beratungsgremium zusammensetzt, zu welchem Zeitpunkt die Beratung erfolgte, welche Beratungsgesichtspunkte und Beratungsgegenstände im Vordergrund standen und wie der Einfluß des Betriebsrates auf die Planungsprozesse beurteilt wird.

Der Pretest hatte gezeigt, daß bei Arbeitsgestaltungsmaßnahmen vielfach informelle Abstimmungsprozesse zwischen Arbeitgeber und Betriebsrat stattfinden. Dies hat sich auch in der Hauptuntersuchung bestätigt. Informelle Abstimmungsgespräche dienten dabei allerdings vorrangig einer den Planungsfortschritt begleitenden Abstimmung gegenseitiger Interessen. Das Betriebsverfassungsgesetz sieht dagegen das formale Recht einer Beratung vor, auf dem der Betriebsrat im Anschluß an die Information durch die Arbeitgeberseite bestehen kann. Unsere einleitende Frage hierzu lautete: „Die geplanten Maßnahmen der Arbeitgeberseite, über die der Betriebsrat nach § 90 unterrichtet wurde, müssen anschließend beraten werden." Der gesamte Fragekomplex wurde dann in weitere Einzelfragen aufgefächert. Die Ergebnisse hinsichtlich des Beratungsgremiums, Beratungszeitpunkts, der dominierenden Gesichtspunkte in den Beratungen und hinsichtlich des Betriebsratseinflusses im Planungsprozeß sind nachfolgend dargestellt.

a) Beratungsgremium

Der gesamte Problembereich des § 90 BetrVG ist vor allem in Mittel- und Großbetrieben so komplex, daß er häufig nicht mehr durch einzelne Vertreter der Arbeitgeber- und Betriebsratsseite allein bewältigt werden kann. Es liegt deshalb nahe, von den Möglichkeiten der kollegialen Willensbildung Gebrauch zu machen, die sich bereits in vergleichbaren Entscheidungssituationen bewährt haben. Unsere Untersuchung hat gezeigt, daß die Beratungsgremien insgesamt gesehen effizient arbeiten.

Zunächst interessierte uns, wer an den Beratungen normalerweise teilnimmt. Wir erhofften uns aus den Angaben zur Zusammensetzung des Beratungsgremiums Hinweise darauf, wie wichtig dieses Mitwirkungsrecht den Praktikern ist. In 73% der Betriebe wurden die Beratungsgespräche von der Geschäftsleitung selbst geführt, bei 26% wurden Vertreter der Personalabteilungen hinzugezogen, bei 30% Vertreter der betroffenen Fachabteilungen. In 20% der Unternehmen lag die Federführung bei der Personalleitung und in den verbleibenden 7% bei besonderen Ausschüssen.

Auf Betriebsratsseite wurden die Beratungen in 20% der Unternehmen vom Gesamtgremium des Betriebsrats geführt. In 40% der Unternehmen lag die Federführung bei einem Betriebsratsausschuß, in ebenfalls 40% wurden die Beratungen meist vom Betriebsratsvorsitzenden in Verbindung mit einem Stellvertreter oder einem Ausschußmitglied wahrgenommen. In keinem Unternehmen hat der Betriebsratsvorsitzende selbst bei den Beratungsgesprächen gefehlt.

Die Ergebnisse zeigen, daß sowohl auf Arbeitgeberseite wie auf Betriebsratsseite die Beratungspersonen hierarchisch sehr hoch angesiedelt sind. Den Beratungsgesprächen nach § 90 wird offenbar eine große Bedeutung in der Praxis zugemessen.

b) Beratungszeitpunkte

Auf die anschließende Frage „Wann finden die Beratungen normalerweise statt?“, kristallisierten sich vier unterschiedliche Vorgehensweisen heraus. In 45% der Fälle nutzte man Routinesitzungen zwischen Arbeitgeber und Betriebsrat zu Beratungen nach § 90. In weiteren 45% wurden besonders anberaumte Sitzungen genutzt, in denen Fragen des § 90 zusätzlich zu anderen Themen auf die Tagesordnung gesetzt wurden. In 5% der Fälle vereinbarten die Betriebsparteien spezielle Sitzungen, in denen ausschließlich Fragen des § 90 behandelt werden. In weiteren 5% erfolgten die Gespräche jeweils nach einer Information der Geschäftsleitung über geplante Maßnahmen. Daß in 55% der Fälle die Beratungen außerhalb von Routinesitzungen stattfanden, unterstreicht nochmals die Bedeutung, welche die Praktiker den Gesprächen zwischen Arbeitgeber und Betriebsrat beimessen.

c) Beratungsgesichtspunkte

Nach dem Willen des Gesetzgebers sollen in den Beratungen die „gesicherten arbeitswissenschaftlichen Erkenntnisse zur menschengerechten Gestaltung der Arbeit“ berücksichtigt werden. Von daher stellte sich die Frage, ob die konkrete Arbeitsgestaltung auch in den Beratungsgesprächen im Vordergrund stand. Die Befragten wurden deshalb zur Beantwortung der Frage gebeten: „Welche Gesichtspunkte sollten bei den Beratungen zwischen Arbeitgeber und Betriebsrat im Vordergrund stehen?“. Die Antworten sollten dazu dienen, eine Rangordnung zu den vier möglichen Beratungsgesichtspunkten „Fragen der Technik“, „wirtschaftliche Fragen“, „organisatorische Fragen“ und „Fragen menschengerechter Arbeitsgestaltung“ bilden zu können.

Während bei methodischen und organisatorischen Fragen die Rangbildungen zwischen Arbeitgeber und Betriebsräten nahezu übereinstimmten, ergaben sich gravierende Unterschiede in der Beurteilung wirtschaftlicher Fragen und von Problemen der menschengerechten Arbeitsgestaltung. So waren 90% der Betriebsräte der Meinung, daß Aspekte der menschengerechten Gestaltung der Arbeit in den Beratungen den ersten Rang einnehmen müßten. 50% der Arbeitgebervertreter teilten diese Auffassung. Bei der Frage, welchen Rang wirtschaftliche Fragen einnehmen sollten, waren 30% der Betriebsräte und 63% der Arbeitgebervertreter für den ersten Rang. Hieraus läßt sich ableiten, daß es nach Meinung der Arbeitgeber erwünscht wäre, eher wirtschaftliche Aspekte zu diskutieren, während für die Betriebsräte vorrangig die menschlichen Aspekte beraten werden sollten.

Die Frage wurde anschließend in anderer Formulierung noch einmal gestellt. Sie lautete nun: „Welche Gesichtspunkte stehen bei den Beratungen zwischen Betriebsrat und Arbeitgeber in der betrieblichen Realität im Vordergrund?“. Zu jedem der schon genannten vier Beratungsgesichtspunkte (technische, wirtschaftliche, organisatorische und menschliche Fragen) galt es nun, auf einer Fünferskala eine Entscheidung zu treffen. Die Skalierung reichte dabei von „steht sehr im Hintergrund“ bis „steht sehr im Vordergrund der Beratungen“. Signifikante Unterschiede zwischen den Antworten waren hier nicht auszumachen. Die Mittelwerte lagen beim Beratungsgesichtspunkt „Technik“ bei 3,37 (Arbeitgeber) bzw. 3,6 (Betriebsräte), beim Beratungsgegenstand „wirtschaftliche Fragen“ bei 3,8 (Arbeitgeber und Betriebsräte), beim Beratungsgesichtspunkt „organisatorische Fragen“ bei 3,3 (Arbeitgeber) bzw. 3,5 (Betriebsräte) und bei dem Punkt „menschliche Fragen“ bei 3,5 (Arbeitgeber) und 3,53 (Betriebsräte). Alle vier Gesichtspunkte besaßen demnach in den Beratungsgesprächen einen ähnlich hohen Stellenwert.

Die Antworten zu diesem Bereich deuten darauf hin, daß sich in der Praxis wirtschaftliche, organisatorische, technische und am Menschen orientierte Gesichtspunkte nur schwer voneinander trennen lassen. Kein Gesichtspunkt kann offenbar isoliert behandelt werden. Es bestehen vielfältige Rückkopplungen und die genannten Faktoren beeinflussen sich gegenseitig.

d) Einfluß auf die Planung

Zum Abschluß dieses Problemkomplexes war für uns von Interesse, wie die beiden Betriebspartner ihren Einfluß auf die Planung in den Beratungsgesprächen einschätzen. Die Frage lautete: „Wie würden Sie Ihren Einfluß auf die Planung in den Beratungsgesprächen ansehen?“ Die Beurteilung der Stärke des Einflusses auf die Planung wurde anhand einer 5er-Skala erhoben, die von „sehr gering“ bis „sehr groß“ reichte (siehe Abbildung 38).

Hier zeigte sich insofern ein recht interessantes Bild, als sich signifikant unterschiedliche Werte zwischen den Antworten der Arbeitgeber- und Betriebsratsseite ergaben. 90% der Arbeitgeber halten ihren Einfluß auf die Planung für sehr groß, 10% zumindest für groß. Die Arbeitgeber dominieren demzufolge nach der Selbsteinschätzung deutlich das Planungsgeschehen. Auf der Betriebsratsseite unterschieden sich die Antworten. 27% der Betriebsräte sind der Meinung, daß sie einen großen Einfluß haben, bzw. 10%, daß ihr Einfluß sehr groß ist. 27% nehmen eine mittlere Haltung ein und etwas mehr als ein Drittel halten den persönlichen Einfluß für gering. Diese Ergebnisse stimmen mit den Aussagen zu einer gewünschten Entscheidungsbeteiligung der Betriebsräte überein. Der Wunsch nach einem echten Mitbestimmungsrecht resultiert sicher auch aus der von der Mehrzahl der befragten Betriebsräte empfundenen Schwäche des eigenen Einflusses auf die betrieblichen Planungsprozesse.

Abbildung 38:
Beurteilung der Stärke des Einflusses auf die Planung

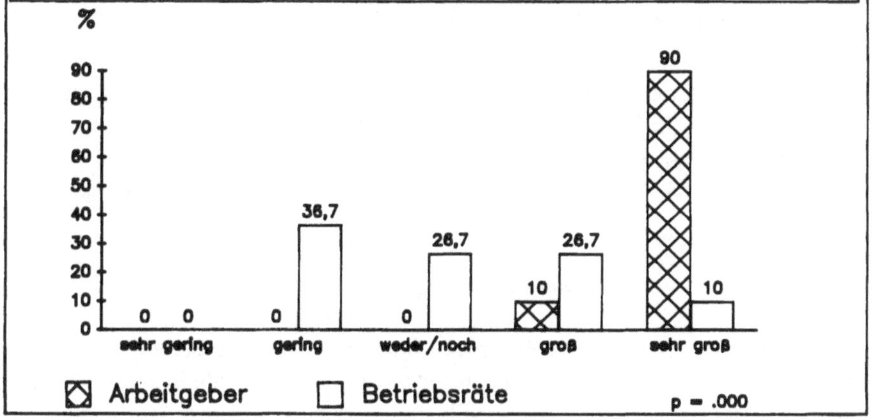

5. Der Begriff „Art der Arbeit“

Nach § 90 sollen die vom Arbeitgeber geplanten Maßnahmen insbesondere im Hinblick auf „die Auswirkungen auf die Art der Arbeit und die Anforderungen an die Arbeitnehmer“ beraten werden. Der Gesetzgeber konkretisiert dabei nicht, was er mit „Art der Arbeit“ und „Anforderungen an die Arbeitnehmer“ meint. Die Kommentatoren Fitting u.a. weisen darauf hin, daß diese Gesichtspunkte vorrangig, aber nicht ausschließlich zu beraten seien. Außerdem seien die Begriffe, insbesondere in Verbindung mit der gewählten Formulierung „gesicherte arbeitswissenschaftliche Erkenntnisse“, weit auszulegen.

Unter „Art der Arbeit“ können danach die Abgrenzungen der Arbeitsaufgabe des Arbeitnehmers ebenso verstanden werden wie Wirkungen von Arbeitsmethoden und -verfahren sowie verwendete Arbeitsmittel und -stoffe (vgl. Fitting u.a. [Betriebsverfassungsgesetz] 1987, Rn. 16 zu § 90 BetrVG). Die Art der Arbeit würde gemäß dieser Auffassung sowohl nach quantitativen wie qualitativen Elementen und nach externen Einflüssen festzulegen sein.

Die Anforderungen an die Arbeitnehmer werden als Oberbegriff für Qualifikation, Verantwortung, Geschicklichkeit, Umgebungseinflüsse, Belastungen und Beanspruchungen verstanden (vgl. Fitting u.a. [Betriebsverfassungsgesetz] 1987, Rn. 16 zu § 90). Beide Formulierungen weisen also Überschneidungsbereiche auf und lassen sich nicht klar voneinander trennen. Trotz dieser Problematik wurde in unserer Untersuchung eine Unterscheidung der Begriffe beibehalten, um möglichst umfassende Erkenntnisse zu erhalten.

Auf die offene Frage: „Was verstehen Sie unter den zwei genannten Beratungsinhalten?“ hatten Betriebsräte wie Arbeitgeber die Möglichkeit, spontan zu antworten. Es fiel den Befragten insgesamt sehr schwer, zutreffende Formulierungen zu finden. Einige der im folgenden wiedergegebenen Originalantworten belegen dies.

Das Eingangsstatement lautete dabei: „Die geplanten Maßnahmen sollen mit dem Betriebsrat 'insbesondere im Hinblick auf ihre Auswirkungen auf die Art der Arbeit und die Anforderungen an die Arbeitnehmer' beraten werden.“ Zunächst wird in der Auswertung auf den Begriff „Art der Arbeit“ eingegangen.

a) Die Interpretation durch die Befragten

Die Art der Arbeit bezeichnet nach Aussagen der Arbeitgebervertreter die ganzheitliche Arbeitsorganisation bzw. -struktur, dominierende Beanspruchungselemente (körperliche / geistige Arbeit), besondere Belastungsfaktoren oder besonders herausragende Einzeleigenschaften am Arbeitsplatz (Monotonie, Schwere etc.).

Faßt man die Aussagen der Betriebsräte zusammen, so lassen sich als kennzeichnende Merkmale der Art der Arbeit die Arbeitsorganisation, Belastungsfaktoren, technologische Lösungen und besondere Einzelkennzeichen (Lernbedarf, Taktbindung etc.) heranziehen.

Insgesamt dominieren beispielhafte Einzelnennungen, die sich auf das dominierende Element einer Arbeitssituation beziehen.

b) Die Beurteilung typischer Arbeitsarten

Nachdem wir zunächst um eine Interpretation der im Gesetz genannten Begriffe gebeten hatten, wurden diese anschließend durch bestimmte Vorgaben konkretisiert. Die Art der Arbeit bezeichnete in dieser Frage das dominierende Merkmal der jeweiligen Arbeitsorganisation. Dabei wurden Gestaltungsmerkmale berücksichtigt, die als besonders inhuman angesehen werden. Die Befragten wurden gebeten, die Zielsetzungen eines Abbaus typischer Arbeitsarten bei der künftigen Gestaltung von Arbeitssystemen hinsichtlich ihrer Wichtigkeit zu beurteilen. Die Fünferskala ging dabei von der Beurteilung „absolut unwichtig“ bis „sehr wichtig“. Die folgenden Arbeitsarten wurden abgefragt:

— Fließbandarbeit,

— taktgebundene Arbeit,

— stark fremdkontrollierte Arbeit,

— von anderen Mitarbeitern isolierte Arbeit,

— Schichtarbeit,

— Nachtarbeit und

— generell als inhuman angesehene Arbeit.

Als erstes galt es, die Zielsetzung „Abkehr vom Fließband“ zu beurteilen. Hier zeigte sich eine starke Diskrepanz in den Antworten der Arbeitgeber und Betriebsräte. 60% der Arbeitgeber halten eine Abkehr vom Fließband für absolut unwichtig bzw. unwichtig, dagegen bezeichneten mehr als 70% der Betriebsräte gerade diese Zielsetzung als wichtig bzw. sehr wichtig (siehe Abbildung 39).

Abbildung 39:
Beurteilung der Zielsetzung "Abkehr vom Fließband"

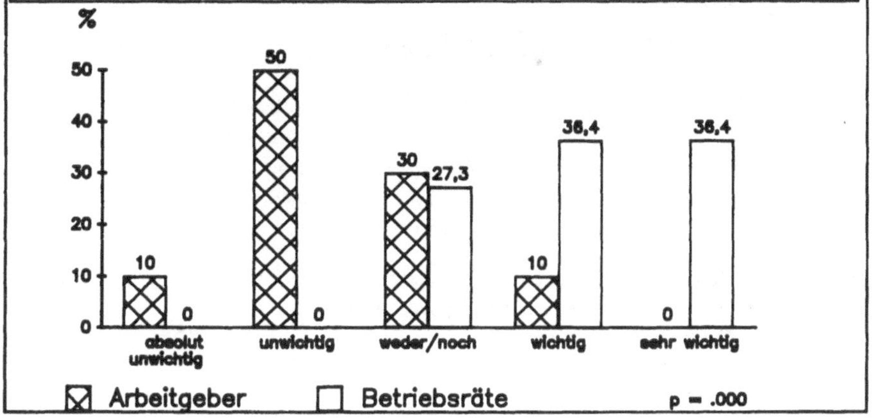

Die Betriebsräte ließen in ihren zusätzlichen Kommentaren eine stark negative Haltung zur Fließbandarbeit erkennen. Die befragten Arbeitgeber vertraten demgegenüber tendenziell die Auffassung, daß in ihrem speziellen Fall (sofern Fließbandarbeit im Unternehmen bestand) ein Abgehen von dieser Form der Arbeitsorganisation aus wirtschaftlichen Erwägungen heraus auch in Zukunft kaum möglich sei. Die Mittelwerte lagen bei den Arbeitgebern bei 2,4 und bei den Betriebsräten bei 4,1.

Auch bei der Beurteilung der Zielsetzung „Abbau von Taktzwang“ ergaben sich starke Unterschiede in den Antworten der Betriebspartner. Allerdings zeigt der Mittelwert von 3,0 für die Arbeitgeberseite, daß man dieser Zielsetzung nicht so negativ gegenübersteht wie einer Alternative zum Fließband. Der Mittelwert für die Betriebsräte lag hier bei 4,0. Die nachstehende Abbildung zeigt, daß fast 80% der Betriebsräte einen Abbau von Taktzwängen bei der Arbeitsorganisation für „wichtig“ bzw. „sehr wichtig“ halten (siehe Abbildung 40).

Abbildung 40:
Beurteilung der Zielsetzung "Abbau von Taktzwang"

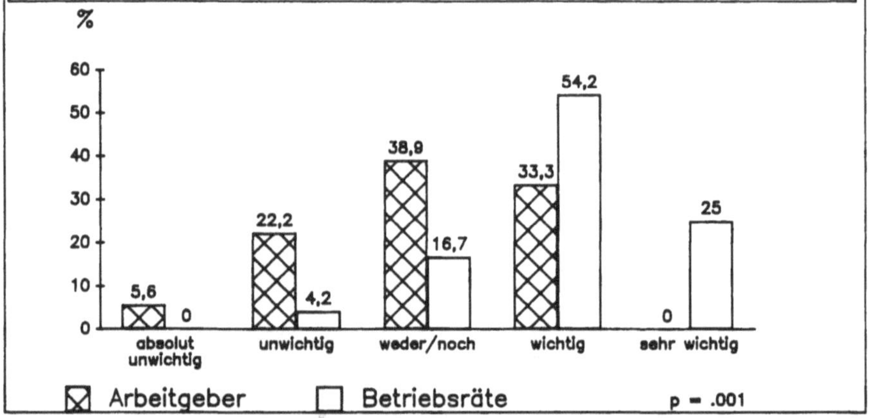

Auch bei der Frage nach der Beurteilung der Zielsetzung „Abbau von Fremdkontrolle“ ergaben sich signifikante Unterschiede in den Antworten der Betriebspartner. Allerdings weist der Wahrscheinlichkeitswert von .013 aus, daß die Unterschiede hier nicht mehr so gravierend sind. Dies läßt sich auch anhand der Verteilung erkennen (vgl. Abbildung 41).

Abbildung 41:
Beurteilung der Zielsetzung "Abbau von Fremdkontrolle"

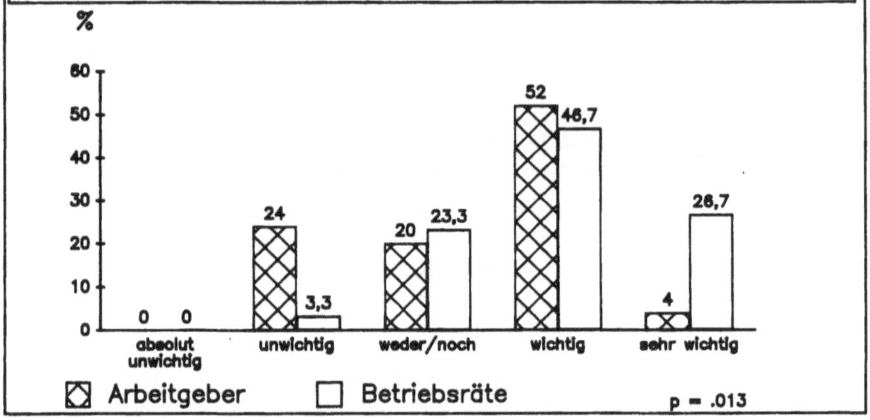

Die Mittelwerte bei dieser Frage lagen für die Arbeitgeberseite bei 3,4 und für die Betriebsräte bei 4.0.

Die nächste Frage galt der Zielsetzung „Abbau individueller Isolation“. Hier weist die Verteilung eine deutliche Übereinstimmung in den Antworten der

Arbeitgeber und Betriebsräte aus (siehe Abbildung 42). Die Mittelwerte lagen bei der Arbeitgeberseite bei 3,4 und bei den Betriebsräten bei 3,7.

Abbildung 42:
Beurteilung der Zielsetzung "Abbau individueller Isolation"

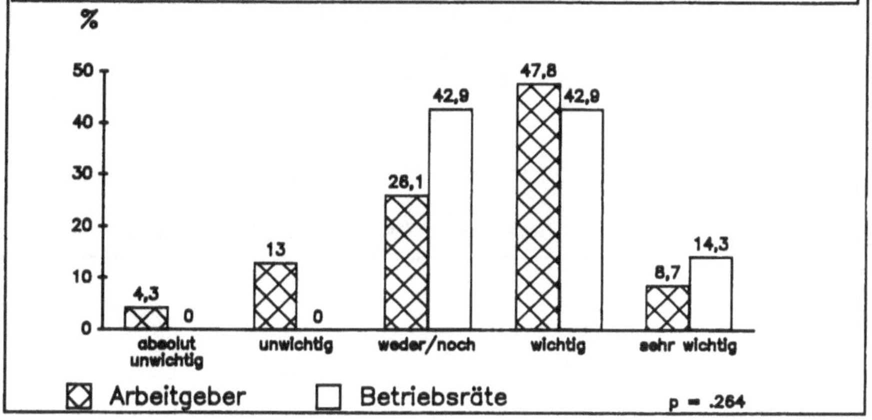

Ein konträres Bild zeigte sich bei der Zielsetzung „Abbau von Schichtarbeit". Hier ergaben sich signifikante Unterschiede zwischen den beiden Seiten. 56% der Arbeitgebervertreter halten diese Zielsetzung für unwichtig bzw. absolut unwichtig. Der Mittelwert lag hier bei 2,7. Dagegen ist für 68% der Betriebsräte die Zielsetzung, in Zukunft Schichtarbeit abzubauen, wichtig bzw. sehr wichtig. Hier lag der Mittelwert bei 3,8 (vgl. Abbildung 43).

Abbildung 43:
Beurteilung der Zielsetzung "Abbau von Schichtarbeit"

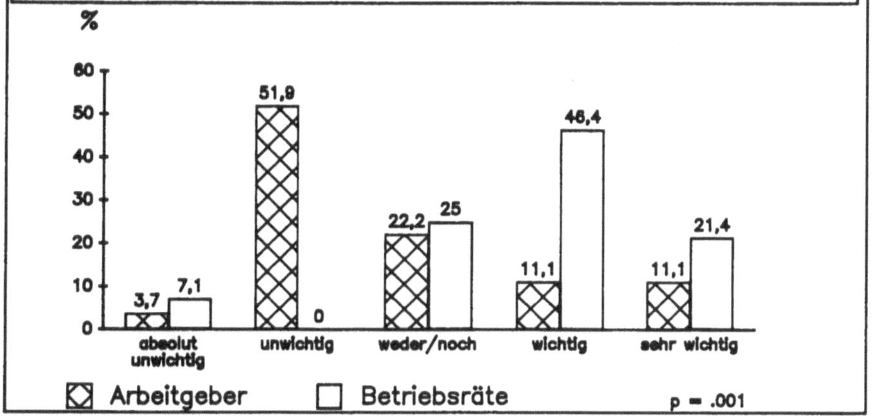

Auch bei der Beurteilung der Zielsetzung „Abbau von Nachtarbeit“ ergaben sich signifikante Unterschiede. Immerhin 40% der Arbeitgeber halten diese Zielsetzung für unwichtig bzw. absolut unwichtig. Allerdings waren ebenfalls 40% der Arbeitgeber der Meinung, daß diese Zielsetzung wichtig bzw. sehr wichtig sei. Bei dieser Frage zeigt sich also auf Arbeitgeberseite eine deutlich gespaltene Haltung. Der Mittelwert lag bei 3,1. Die Betriebsratsseite bezieht hier eine deutlichere Position. Bei einem Mittelwert von 4,0 waren insgesamt fast 70% der Betriebsräte der Meinung, daß es eine wichtige bzw. sehr wichtige Zielsetzung sei, Nachtarbeit künftig abzubauen (vgl. Abbildung 44).

Abbildung 44:
Beurteilung der Zielsetzung "Abbau von Nachtarbeit"

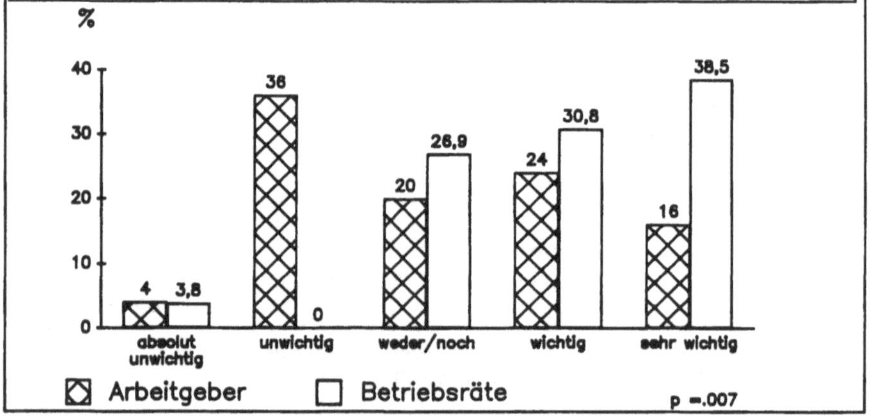

Die letzte Frage in diesem Komplex griff einen Aspekt der aktuellen Diskussion auf. Vielfach wird heute der Vorschlag unterbreitet, als unmenschlich empfundene Arbeitsplätze durch Maschinen (z. B. Industrieroboter) zu ersetzen. In dem erst in jüngerer Zeit möglich gewordenen Ersatz des Menschen durch flexibel programmierbare Maschinen wird zwar ein Humanisierungspotential gesehen, das aber mit dem Verlust von ehemals bestehenden Arbeitsplätzen erkauft wird. In der Beurteilung der Zielsetzung „Ersatz 'unmenschlicher' Arbeitsplätze durch Maschinen (z. B. Industrieroboter)“, ergab sich zwischen der Arbeitgeber- und Betriebsratsseite ein relativ einheitliches Bild. Die Mittelwerte lagen bei 3,6 für die Arbeitgeberseite und 4,0 für die Betriebsratsseite. Diejenigen Arbeitgeber, die hier eine neutrale Position bezogen oder auf diese Frage mit unwichtig bzw. absolut unwichtig reagierten, machten ergänzend deutlich, daß in ihrem Unternehmen entsprechende Arbeitsplätze praktisch nicht mehr existieren (vgl. Abbildung 45).

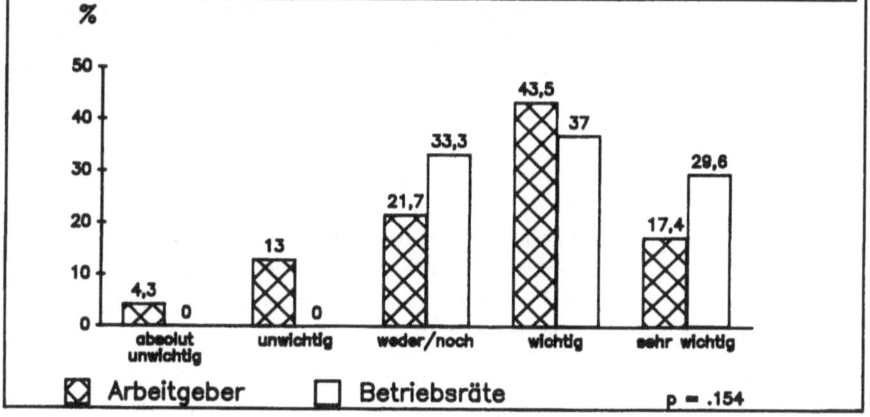

Abbildung 45:
Beurteilung der Zielsetzung "Ersatz 'unmenschlicher'Arbeitsplätze durch Maschinen (z.B. Industrieroboter)"

Im einzelnen haben sich bei den von uns vorgegebenen Typen von Arbeitsarten sowohl erhebliche Unterschiede als auch bemerkenswerte Gemeinsamkeiten in der Beurteilung der Betriebsräte und Arbeitgeber ergeben.

Im Bereich arbeitsorganisatorischer Lösungen bestehen bei den Zielsetzungen „Abbau von Fließbandarbeit“, „Abbau von Taktbindung“ und „Abbau von Fremdkontrolle“ starke Auffassungsunterschiede. Die Betriebsräte halten diese Zielsetzungen für besonders wichtig, die Arbeitgeberseite ist gegenteiliger Meinung. Ähnliche Auffassungsunterschiede gibt es bei der Beurteilung nachteiliger Arbeitszeitregelungen, wie sie die Schichtarbeit und Nachtarbeit darstellen. Die Arbeitgeberseite argumentiert hier insgesamt mit technologischen und ökonomischen Sachzwängen. Im Bereich der Arbeitsorgansation werden automatisierte Produktionsformen für erforderlich gehalten; hinsichtlich der Arbeitszeitregelungen hält man teilweise vermehrte Nacht- und Schichtarbeit für notwendig.

Eine übereinstimmende Auffassung finden wir dagegen hinsichtlich der Zielsetzung „Abbau individueller Isolation“ und „Ersatz 'unmenschlicher' Arbeitsplätze durch Maschinen“. Beide Seiten unterstreichen zum einen die Wichtigkeit der sozialen Dimension des Arbeitslebens, zum anderen die gerade heute bestehende Möglichkeit, technologische Lösungen für eine Humanisierung der Arbeit zu nutzen. Für die Mitwirkungsaktivitäten im autonomen Arbeitsschutz bedeutet dies, daß man hier bei der Arbeitgeberseite auf „offene Türen“ stößt, während bei den genannten arbeitsorganisatorischen Lösungen und Arbeitszeitformen mit Widerständen zu rechnen ist.

6. Der Begriff „Anforderungen an die Arbeitnehmer"

Auch hinsichtlich der Anforderungen an die Arbeitnehmer wurde zunächst nach einer offenen Interpretation gefragt. Die Anforderungen an die Arbeitnehmer wurden dann weiter unterteilt in generelle Anforderungen und in Anforderungen, die sich aus der Einführung von neuen Formen der Arbeitsorganisation ergeben können.

a) Die Interpretation durch die Befragten

Die Arbeitgeberseite versteht unter Anforderungen an die Arbeit zum einen die notwendige Qualifikation, zum anderen arbeitsplatzexterne Belastungen. Anforderungen definieren sich danach über die psychisch-mentalen und physiologisch-energetischen Elemente der Arbeit.

Die Betriebsräte sehen ebenfalls die notwendige Qualifikation und die physiologischen Einwirkungen am Arbeitsplatz als Anforderungen an den Arbeitnehmer an. Insgesamt ist allerdings hier eine größere Unsicherheit in der Beantwortung zu verzeichnen, was sich in fehlenden Angaben, den teilweise zusätzlich genannten Definitionselementen (Lohnfragen etc.) und rekursiven Definitionen (Anforderung wird mit Anforderung erklärt) zeigt.

Anforderungen leiten sich demnach nach den Angaben der Befragten aus Qualifikations- und / oder Belastungsmerkmalen eines Arbeitsplatzes her.

b) Generelle Anforderungen an die Arbeitnehmer

Hinsichtlich der „Anforderungen an die Arbeitnehmer" wurden zunächst Beurteilungen der generellen Anforderungen an Arbeitnehmer erhoben. Die Zielsetzung „Abbau körperlicher Belastung" hielten dabei 80% der Betriebsräte für wichtig bzw. sehr wichtig. Auf der Arbeitgeberseite waren immerhin rund 62% dieser Meinung (siehe Abbildung 46).

Die Mittelwerte lagen für die Arbeitgeber bei 3,7, für die Betriebsräte bei 4,1. Eine signifikant unterschiedliche Beurteilung ergab sich bei dieser Frage nicht.

Eine etwas ambivalentere Haltung zeigte sich bei der Beurteilung der Zielsetzung „Abbau geistiger Belastung". Die Beurteilungen tendieren mit Mittelwerten von 3,1 (Arbeitgeber) und 3,4 (Betriebsräte) zu einer Weder / Noch-Haltung. Auch hier sind keine signifikanten Unterschiede in den Beurteilungen der Betriebspartner feststellbar (vgl. Abbildung 47).

Man war bei Arbeitgebern wie bei Betriebsräten der Meinung, daß zum einen geistige Belastungen nicht generell als inhuman empfunden werden. So wird ein Mehr an geistiger Arbeit anstelle körperlicher Arbeit durchaus als Maßnahme der Humanisierung angesehen. Zum anderen konstatierte man einen generellen

Trend hin zu mehr geistiger Arbeit, weshalb in einem Abbau geistiger Anforderungen keineswegs eine sinnhafte Zielsetzung gesehen wurde. Es wurde allerdings darauf hingewiesen, daß die geistigen Belastungen keineswegs zu einer Überforderung des Menschen, verbunden mit Streß und dem Risiko psychosomatischer Krankheiten, führen dürfen.

Abbildung 46:
Beurteilung der Zielsetzung "Abbau körperlicher Belastungen"

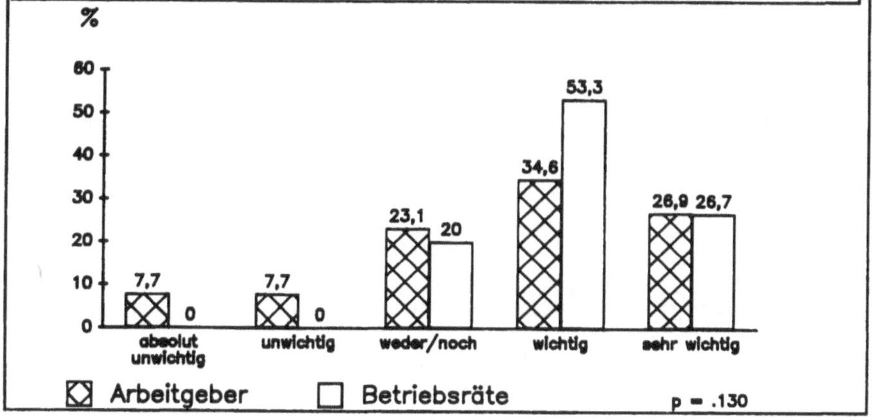

Abbildung 47:
Beurteilung der Zielsetzung "Abbau geistiger Belastungen"

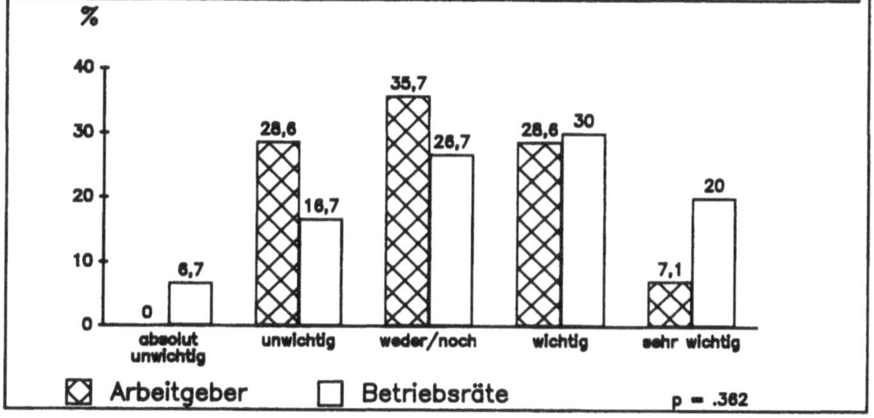

Als drittes Kennzeichen zur Würdigung von Anforderungen an Arbeitnehmer wurde die Qualifikation herangezogen. Bei der Beurteilung der Zielsetzung „Abbau von Fehlqualifikation" ergab sich ein ganz eindeutiges Bild. Arbeitgeber wie Betriebsräte halten diese Zielsetzung fast durchweg für sehr wichtig (vgl. Abbildung 48).

Abbildung 48:
Beurteilung der Zielsetzung "Abbau von Fehlqualifikation"

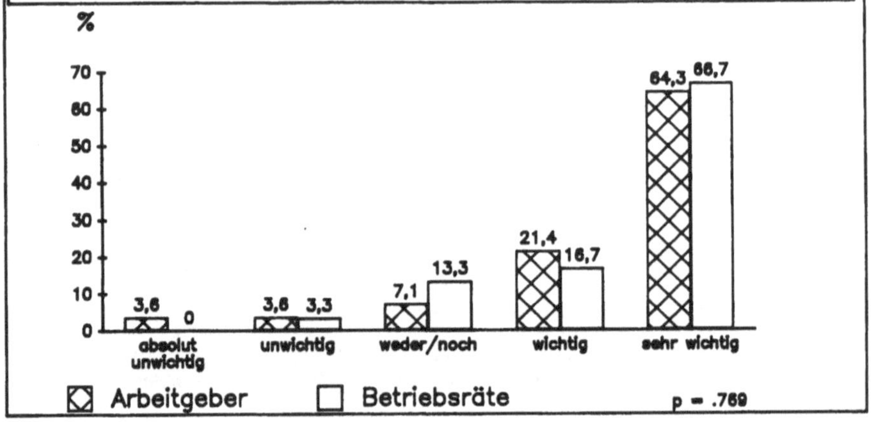

Insgesamt scheint hinsichtlich der generellen Anforderungen an Arbeitnehmer die Qualifikation von besonderer Bedeutung zu sein. Der qualifikationsgerechte Mitarbeitereinsatz wie auch der Abbau von Fehlqualifikation durch Schulungsmaßnahmen bilden einen der Ansatzpunkte zur Anpassung des Menschen an die Arbeit. Die Übereinstimmung der Qualifikationsanforderungen des Arbeitsplatzes mit den Qualifikationen des Mitarbeiters am Arbeitsplatz scheint eine Grundbedingung humanerer Arbeit darzustellen.

c) Beurteilung der „Neuen Formen der Arbeitsorganisation"

In der Diskussion um die Humanisierung der Arbeit spielen die neuen Formen der Arbeitsorganisation eine große Rolle. Sie stellen die konkreten Maßnahmen zur humanen Arbeitsorganisation dar (vgl. Kreikebaum / Herbert [Humanisierung] 1988, S. 82-95). Die neuen Formen der Arbeitsorganisationen leiten sich aus Überlegungen zum Menschenbild her, die in die generelle Forderung nach einer Anpassung der Arbeit an den Menschen in physischer, psychischer und sozialer Hinsicht münden (siehe dazu im einzelnen Kreikebaum [Humanität] 1977). Insgesamt geht es um eine Erweiterung des menschlichen Tätigkeitsspielraums und damit um das Zurückdrängen technologischer wie hierarchischer Zwänge. Der Tätigkeitsspielraum kann dabei in einen Handlungsspielraum, einen Gestaltungsspielraum und einen Entscheidungsspielraum unterteilt werden. Der Handlungsspielraum betrifft eine mögliche Flexibilität des Arbeitnehmers hinsichtlich des Arbeitsverfahrens und der zeitlichen Abfolge einzelner Arbeitsschritte. Der Gestaltungsspielraum eröffnet die Chance zur selbständigen Gestaltung einzelner Arbeitselemente. Der Entscheidungsspielraum betrifft die individuellen Kompetenzen am Arbeitsplatz.

Die neuen Formen der Arbeitsorganisation beziehen sich auf qualitative und quantitative Elemente am Arbeitsplatz. Auf eine quantitative Erweiterung des Tätigkeitsspielraums zielen der geplante Arbeitsplatzwechsel (Job Rotation) und die Aufgabenerweiterung (Job Enlargement). Eine qualitative Erweiterung, d. h. eine Vergrößerung des Entscheidungs- und Kontrollspielraums, liegt vor, wenn eine Arbeitsbereicherung (Job Enrichment) oder die Bildung teilautonomer Arbeitsgruppen vollzogen wird. Damit sind auch die vier möglichen arbeitsorganisatorischen Veränderungen genannt, die in unserer Studie einer Beurteilung seitens der Arbeitgeber und Betriebsräte unterzogen wurden. Die neuen Formen der Arbeitsorganisation wurden in diesen Fragenkomplex eingebaut, da sich mit ihnen zugleich die Anforderungen an den Arbeitnehmer erhöhen, und zwar sowohl durch eine zunehmende Aufgabenvielfalt als auch durch eine Steigerung der geistigen Anforderungen.

Bei der Beurteilung der Zielsetzung „Einführung von Job Rotation" ergaben sich Mittelwerte von 3,1 für die Arbeitgeber und von 3,0 für die Betriebsräte. Signifikante Unterschiede zwischen den Betriebspartnern wurden nicht deutlich. Die Mittelwerte wie auch die relativ breite Verteilung deuten darauf hin, daß man in dieser Hinsicht eine eher ambivalente Haltung einnimmt (vgl. Abbildung 49).

Die Praktiker wiesen insbesondere auf die Problematik eines systematischen Job Rotation hin. Unter dem gezielten Arbeitsplatzwechsel versteht man den geplanten, turnusmäßigen Wechsel der Arbeitsplätze und Arbeitsaufgaben eines Arbeitnehmers. Diese Organisationsform wird für Trainee-Programme, den Springereinsatz am Fließband sowie auf höheren Managementebenen gewählt. Trainee-Programme sollen die Absolventen durch ein umfassendes Kennenlernen der Gesamtorganisation für spätere Führungsaufgaben qualifizieren. Der Springer hat die Aufgabe, am Fließband Ausfälle einzelner Arbeitnehmer auszugleichen. Auf der Managementebene dienen Job Rotation-Programme dazu, die Betriebsblindheit in eingefahrenen Arbeitsbereichen abzubauen. Wenn der Einführung von Job Rotation-Maßnahmen in der Praxis kein allzu hoher Stellenwert beigemessen wird, so läßt sich dies sicherlich darauf zurückführen, daß mit entsprechenden Maßnahmen auch inhumane Effekte verbunden sein können. Durch häufigen Arbeitsplatzwechsel wird der einzelne Arbeitnehmer immer wieder aus seiner gewohnten Arbeitsumgebung und dem Kollegenkreis herausgerissen.

Abbildung 49:
Beurteilung der Zielsetzung "Einführung von Job Rotation"

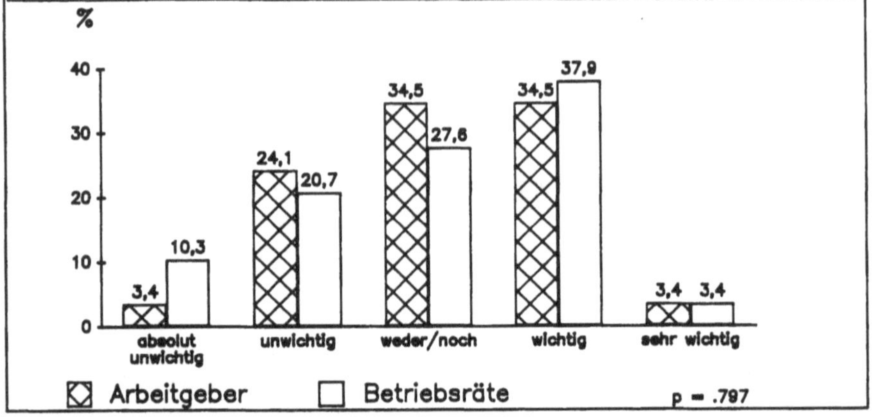

Die Beurteilung des Job Enlargement zeigt ein anderes Bild. Hier lagen die Mittelwerte für die Arbeitgeberseite bei 3,8 und für die Betriebsratsseite bei 3,9. Job Enlargement bezweckt eine horizontale Erweiterung des Tätigkeitsspielraums. Dem einzelnen Arbeitsplatz werden weitere Tätigkeiten mit einem vergleichbaren Anforderungsniveau zugeordnet. Betriebsräte wie Arbeitgeber halten diese Form der Veränderung von Arbeitsanforderungen offenbar eher für wichtig bzw. sehr wichtig. Auch hier war man auf beiden Seiten tendenziell gleicher Meinung (siehe Abbildung 50).

Abbildung 50:
Beurteilung der Zielsetzung "Einführung von Job Enlargement"

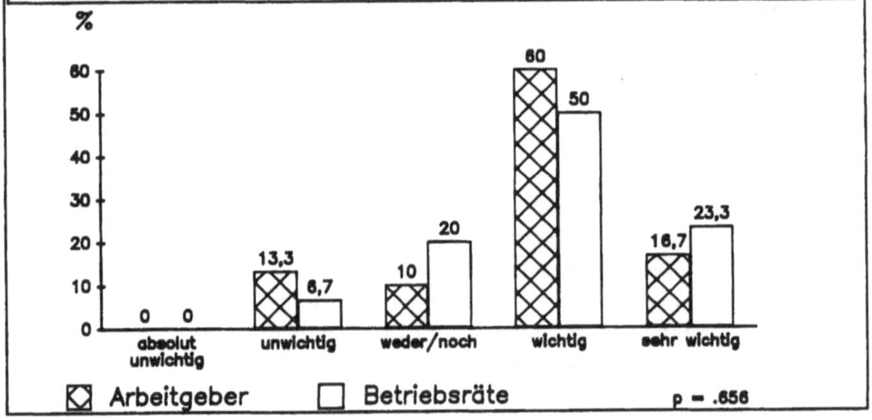

Insgesamt gesehen scheinen die Praktiker diese Zielsetzung für wichtig zu halten, um ehemals zerstückelte Arbeitsstrukturen wieder zusammenzuführen und damit ganzheitliche arbeitsorganisatorische Lösungen zu schaffen. Obwohl keine höherwertigen Arbeiten hinzukommen, ist eine Qualifikationserhöhung der Mitarbeiter notwendig, da die Mitarbeiter insgesamt ein breiteres Arbeitsspektrum bewältigen müssen. Dies bietet zusätzlich den Vorteil, daß die entsprechenden Mitarbeiter flexibler einzusetzen sind. Zusätzlich kann mit der Tatsache, daß der einzelne Arbeitnehmer ein komplexeres ganzheitliches Produkt herstellt, eine Qualitätsverbesserung einhergehen.

Ein ähnliches Bild zeigt sich bei der Beurteilung der Zielsetzung „Einführung von Job Enrichment". Hierbei geht es um eine Bereicherung der Arbeitsinhalte, da vorbereitend-planende und überwachende Tätigkeiten zu den bisherigen Aufgaben hinzukommen. Dem einzelnen Arbeitnehmer wird mehr Kompetenz und Verantwortung eingeräumt, er erfährt somit eine Zuordnung höherwertiger Arbeiten zu seinem Arbeitsplatz. Arbeitsbereicherung wird als ein Kernstück der Humanisierung der Arbeit angesehen. Insgesamt halten 87% der Arbeitgeber und 86,7% der Betriebsräte diese Zielsetzung für wichtig bzw. sehr wichtig (vgl. Abbildung 51).

Abbildung 51:
Beurteilung der Zielsetzung "Einführung von Job Enrichment"

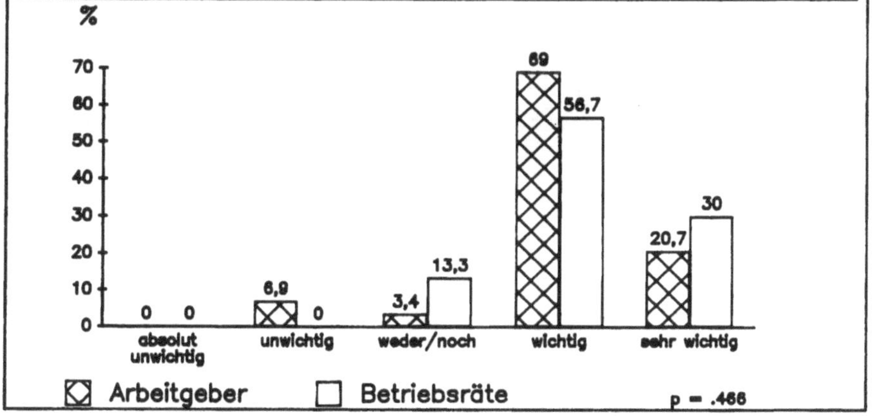

Die Mittelwerte lagen hier bei 4,0 für die Arbeitgeberseite und 4,2 für die Betriebsräte. Arbeitgeber wie Betriebsräte begründeten diese Beurteilung damit, daß moderne Technologien zwangsläufig eine Komplexitätserhöhung der einzelnen Arbeitsplätze nach sich ziehen würden, mit höheren Qualitätsanforderungen sowie der Notwendigkeit einer Flexibilisierung von Arbeitsstrukturen. Dies sei nur möglich, wenn bestehende Arbeitsstrukturen nicht nur verbreitert, sondern auch in vertikaler Richtung erweitert werden würden. Kontroll- und Planungsarbeiten wären zum Ort der Tätigkeitsausübung zurückzuverlagern.

Als vierte Maßnahme einer Humanisierung der Arbeit werden teilautonome Arbeitsgruppen bezeichnet. Zu einer Anreicherung bestehender Arbeitsplätze kommt hier eine Dezentralisation der gesamten Organisationsstruktur. Rund um ganzheitlich zusammenfügbare Arbeitsaufgaben werden Arbeitsgruppen gebildet, die in Abhängigkeit vom Autonomiegrad bestimmte Arbeitsgänge gemeinsam durchführen. Der Autonomiegrad kann von der Wahl des Gruppenführers, der Entscheidung über die Gruppenmitgliedschaft und Aufgabenverteilung bis hin zu Fragen der Produktionsmethode und Arbeitszeit oder den ökonomischen Gruppenzielen reichen. Besonders bekannt wurde diese Form der Arbeitsorganisation durch ihre erstmalig in größerem Umfang durchgeführte Einführung im Volvo-Werk in Kalmar. Dort wurden — erstmals in der bis dahin weitgehend vom Fließbandprinzip bestimmten Automobilindustrie — Arbeitsgruppen gebildet, die an Montagekarren ganzheitliche Aufgaben bei der Automobilproduktion übernahmen. So gab es z. B. Arbeitsgruppen, die im Karosseriebau tätig waren (siehe auch das Beispiel bei Kreikebaum / Herbert [Arbeitsformen] 1989, S. 46), in der Antriebstechnik oder in der Innenausstattung. Die Beurteilung der Zielsetzung „Einführung von Gruppenarbeitsstrukturen" erbrachte eine sehr breite Verteilung (vgl. Abbildung 52). Die Durchschnittswerte waren ähnlich niedrig wie bei der Beurteilung des Job Rotation; sie lagen für die Arbeitgeberseite bei 3,2 und für die Betriebsräte bei 3,3.

Abbildung 52:
Beurteilung der Zielsetzung "Einführung von Gruppenarbeitsstrukturen"

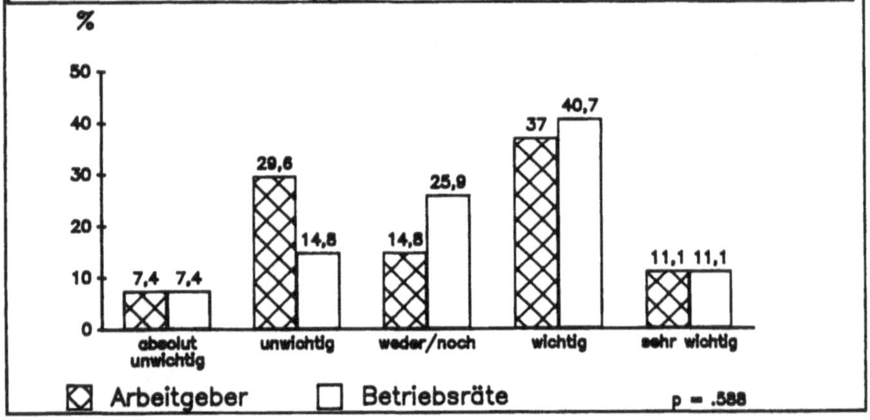

Hier schienen insbesondere betriebliche Besonderheiten eine Rolle bei der Beurteilung durch die Betriebspraktiker zu spielen. In einigen Betrieben hielt man die Einführung aus technologischen Gründen für nicht möglich, in anderen Betrieben war man der Meinung, daß die gegenwärtige Organisationsform bereits diesem Konzept entspreche. Hingewiesen wurde auch auf denkbare Nachteile, z. B. mögliche neue Gruppenzwänge oder den Ausschluß einzelner Mitarbeiter aus Arbeitsgruppen.

7. Der Begriff „Menschengerechtigkeit"

Die grundsätzliche Zielsetzung des § 90 besteht darin, durch die Mitwirkung der Betriebsräte an Arbeitsgestaltungsentscheidungen eine menschengerechte Arbeitswelt zu erreichen. Der Begriff der Menschengerechtigkeit stellt jedoch eine Leerformel dar, die inhaltlich zu präzisieren ist. Nur aus der Sicht eines individuellen Menschenbildes und der Weltanschauung des Betrachters läßt sich herleiten, was konkret als „menschlich" anzusehen ist. Eine endgültige Aussage, was menschlich sei, ist deshalb kaum möglich (vgl. Fromm [Revolution] 1973, S. 52). Die naturwissenschaftliche, humanistische, marxistische oder christliche Anthropologie entwickelten sehr unterschiedliche Menschenbilder (vgl. Kreikebaum [Humanität] 1977, S. 486-493). Der Begriff der Menschengerechtigkeit führt deshalb zu dem gleichen Auslegungsproblem wie der Humanisierungsbegriff selbst.

Generell lassen sich folgende Aussagen machen:

(1) Was als menschengerecht zu betrachten ist, hängt von der spezifischen Arbeitssituation und der jeweiligen Sicht der Arbeitsbedingungen seitens des Betrachters ab.

(2) Menschengerechtigkeit betrifft alle Facetten menschlicher Arbeitstätigkeit: sowohl die physischen wie die psychischen und die sozialen Bedingungen der Arbeit.

(3) In Bezug auf die Arbeit muß als menschengerecht angesehen werden, was dem übergeordneten Ziel einer Humanisierung der Arbeit dient und auf eine Verbesserung der physischen, psychischen und sozialen Bedingungen des Arbeitslebens ausgerichtet ist (vgl. Kreikebaum / Herbert [Humanisierung] 1988, S. 11).

Der Gesetzgeber fordert in § 90, daß das gemeinsame Ziel der Betriebspartner eine menschengerechte Gestaltung der Arbeit sein solle. Arbeitgeber und Betriebsräte werden sich um konkrete Interpretationen des Begriffs der Menschengerechtigkeit bemühen müssen. Deshalb wurde auch hier zunächst nach einer offenen Interpretation des Begriffs gefragt. Zur Operationalisierung des Begriffs der Menschengerechtigkeit liegen Kriterienkataloge aus arbeitswissenschaftlicher und sozialwissenschaftlicher Sicht vor. Im weiteren Verlauf der Interviews wurden deshalb die Kataloge von Rohmert und Herzberg der Befragung zugrunde gelegt.

Das Eingangsstatement zu diesem Fragenkomplex lautete: „Die Garantie der Menschenwürde ist bereits im Grundsatz verbrieft. Im § 90 BetrVG wird als Ziel eine menschengerechte Gestaltung der Arbeit gefordert.“ Hieran schlossen die Einzelfragen an.

Zunächst wurde um eine persönliche Interpretation des Begriffs Menschengerechtigkeit gebeten. Die Frage lautete: „Wie würden Sie den Begriff der Menschengerechtigkeit in Bezug auf menschliche Arbeit interpretieren?“.

a) Die Auslegung durch die Befragten

Wie die Antworten der Arbeitgeberseit zeigen, bestehen große Schwieigkeiten, ein übergreifendes, umfassendes Merkmal menschengerechter Arbeit zu finden (vgl. auch die Originalantworten in Anhang 3). Stattdessen wird eine Vielfalt von Definitionsmerkmalen genannt, die von stark vereinfachten Statements („Es wäre nicht menschengerecht, jemanden im Wasser stehen zu lassen.“) bis hin zu detaillierten, arbeitswissenschaftlich belegten Hinweisen reicht.

Die Antworten der Betriebsräte zeigen, daß unter einer menschengerechten Arbeit überwiegend ein fähigkeitgerechter Einsatz der Mitarbeiter, der Abbau von Belastungen und angenehme Bedingungen der Arbeitsumwelt verstanden werden. Außerdem werden die Ziele Arbeitsfreude, Zufriedenheit, Wohlgefühl und Indiviualität genannt.

Faßt man die Antworten der Befragten zusammen, so ergeben sich bei beiden Seiten relativ übereinstimmende Auslegungen des Begriffs der Menschengerechtigkeit. Nach der Häufigkeit der Nennungen und den wichtigsten Interpretationen läßt sich die folgende Rangreihe bilden (vgl. Abbildung 53; siehe auch Kreikebaum / Herbert [Humanisierung] 1988, 156):

Abbildung 53:
Interpretation des Begriffs der "Menschengerechtigkeit"

Menschengerechtigkeit bedeutet:	Rangfolge bei den: **Arbeitgebervertretern**	**Betriebsräten**
Belastungsabbau (physische Komponente)		Rang 1
Anpassung an geistige und körperliche Fähigkeiten (psycho-physische Komponente)	gleichgewichtig beurteilt	Rang 2
Aufbau von Arbeitsfreude und Wohlgefühl (psycho-soziale Komponente)		Rang 3
Anpassung an den Stand wissenschaftlicher Erkenntnisse	Rang 2	Rang 4

Bei den Arbeitgebervertretern ergab sich keine eindeutige Rangfolge. Eine Verbesserung im Bereich der physischen, psychischen und sozialen Komponenten des Arbeitslebens wurde relativ gleichgewichtig genannt. Danach folgte die Anpassung an den Stand wissenschaftlicher Erkenntnisse. Eine deutlichere Rangbildung ergab sich bei den Betriebsräten. Rang 1 nimmt danach der Belastungsabbau (physische Komponente) ein, Rang 2 die Anpassung der Arbeit an geistige und körperliche Fähigkeiten, Rang 3 der Aufbau von Arbeitsfreude und Wohlgefühl und erst an vierter Rangstelle liegt die Anpassung an den Stand wissenschaftlicher Erkenntnisse. Insgesamt zeigen aber die Originalantworten, daß bei den Praktikern eine große Unsicherheit auch in der Auslegung dieses Begriffs herrscht. In der Auswertung wurden die genannten Faktoren zwar zu den vier Komponenten der Menschengerechtigkeit verdichtet, die realen Ausprägungen machen jedoch oft an Einzelfaktoren oder Einzelideen fest.

b) Beurteilung der Rohmert-Ebenen

Als eine Möglichkeit der Operationalisierung von Humanisierungsmaßnahmen hat Rohmert 1972 ein sogenanntes Belastungs- / Beanspruchungskonzept entwikkelt, nach dem die Menschengerechtigkeit einer arbeitsorganisatorischen Lösung nach vier hierarchischen Ebenen beurteilt werden kann (vgl. Rohmert [Aufgaben] 1972). Die entsprechende Beurteilung der menschlichen Arbeit muß sich danach an der *Ausführbarkeit*, *Erträglichkeit* und *Zumutbarkeit* der Arbeitstätigkeit und der subjektiven *Zufriedenheit* des Arbeitnehmers orientieren.

Bei der *Ausführbarkeit* geht es darum, ob eine Arbeit überhaupt unter Beachtung der kurzzeitigen Höchstbelastungsgrenzen ohne Gesundheitsschäden von geeigneten Personen ausgeführt werden kann. Zu diesem Kriterium ist allerdings zu sagen, daß es die absolute Grundvoraussetzung dafür bildet, daß Menschen überhaupt eine entsprechende Arbeit ausführen. Nur bei Unkenntnis der Höchstbelastungsgrenzen oder bei Unvernunft erscheint es möglich, daß das Kriterium der Ausfürbarkeit unbeachtet bleiben könnte. Die *Erträglichkeit* zielt auf Dauerleistungsgrenzen ab. Erträglich ist eine Arbeit dann, wenn sie von Personen mit bestimmten Merkmalen (Alter, Geschlecht, Leistungsfähigkeit) über die Dauer ihres Arbeitslebens hinweg täglich während einer normalen Arbeitsschicht ohne Gesundheitsschäden geleistet werden kann. Bei der *Zumutbarkeit* wird die Frage gestellt, ob die überwiegende Mehrheit der Betroffenen unter den gegebenen gesellschaftlichen und sozialen Bedingungen die Arbeit noch hinnehmen kann. Das Kriterium der subjektiven Zufriedenheit umschließt die Frage, ob die Arbeitsbedingungen auch zu einem Zustand des geistigen, körperlichen und sozialen Wohlbefindens beim Arbeitnehmer führen. Rohmerts Kriterienkatalog stellt einen Ansatz dar, Menschengerechtigkeit im Arbeitsleben zu operationalisieren. Dabei nehmen von der ersten bis zur vierten Ebene die Probleme der Bewertung und Messung zu. So wird es bei den Bewertungsebenen der Zumutbarkeit und der subjektiven Zufriedenheit sicherlich kontroverse Auffassungen darüber geben, wie diese Ebenen konkret zu interpretieren sind. In unserer Befragung ermittelten wir dazu einige interessante Ergebnisse.

Die Frage hierzu lautete: „Professor Rohmert, ein bekannter Arbeitswissenschaftler, hat vier Ebenen zur Beurteilung menschlicher Arbeit zur Diskussion gestellt. Für wie wichtig halten Sie die einzelnen Ebenen als Kriterien menschengerechter Arbeit?“

Die befragten Arbeitgeber und Betriebsräte wurden gebeten, das jeweils genannte Kriterium auf einer Fünferskala zwischen „absolut unwichtig“ und „sehr wichtig“ für eine menschengerechte Arbeit zu beurteilen.

Beim Kriterium der „Ausführbarkeit“ ergab sich, daß 60% der Arbeitgeber und nur 11% der Betriebsräte dieses Kriterium für sehr wichtig erachteten. Der Mittelwert lag bei den Arbeitgebern bei 4,3, bei den Betriebsräten bei 4,6. Dieses zunächst nicht plausibel erscheinende Ergebnis läßt sich nur über die zusätzlichen Kommentare der Befragten erklären. Die Betriebsräte sind keineswegs der Meinung, daß das Kriterium der Ausführbarkeit unwichtig wäre, sondern halten dieses Kriterium für eine der Grundbedingungen menschlicher Arbeit überhaupt. Nach ihrer Meinung muß aber „darüber nicht mehr diskutiert werden“. Sie sehen dieses Kriterium auch durch die Eingangsuntersuchung beim Werksarzt als eingehalten an. Ein „schmächtiger“ Arbeitnehmer würde kaum an einen körperlich stark belastenden Arbeitsplatz gestellt werden (vgl. Abbildung 54).

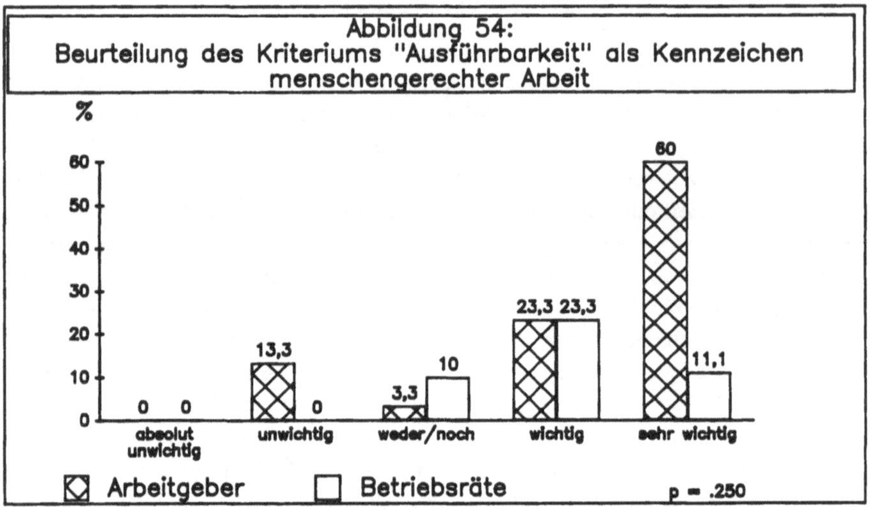

Abbildung 54:
Beurteilung des Kriteriums "Ausführbarkeit" als Kennzeichen menschengerechter Arbeit

Bei der Beurteilung des Kriteriums „Erträglichkeit“ ergibt sich bereits ein anderes Bild. Nahezu alle Betriebsräte und Arbeitgeber halten dieses Kriterium für wichtig bzw. sehr wichtig. Die Mittelwerte lagen hier bei 4,5 für die Arbeitgeber und 4,8 für die Betriebsräte (vgl. Abbildung 55).

Abbildung 55:
Beurteilung des Kriteriums "Erträglichkeit" als Kennzeichen menschengerechter Arbeit

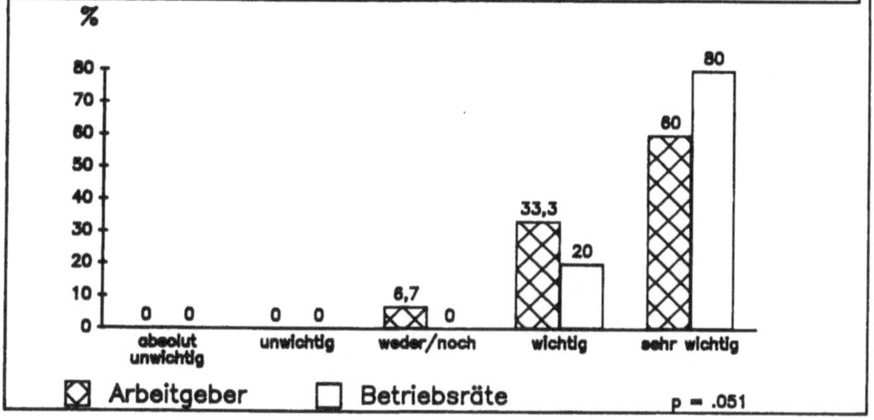

Beim Kriterium „Zumutbarkeit“ ist die Beurteilung keineswegs mehr so eindeutig. Der Mittelwert liegt hier bei den Arbeitgebern bei 3,7, bei den Betriebsräten bei 4,2. 17% der Arbeitgeber halten dieses Kriterium für unwichtig bzw. absolut unwichtig und immerhin 23% nehmen eine ambivalente Haltung ein. 20% der Betriebsräte haben sich für das Attribut „weder / noch“ entschieden. Trotzdem stimmt die Mehrheit der Befragten diesem Kriterium zu und ordnet es unter wichtig bzw. sehr wichtig ein (vgl. Abbildung 56).

Abbildung 56:
Beurteilung des Kriteriums "Zumutbarkeit" als Kennzeichen menschengerechter Arbeit

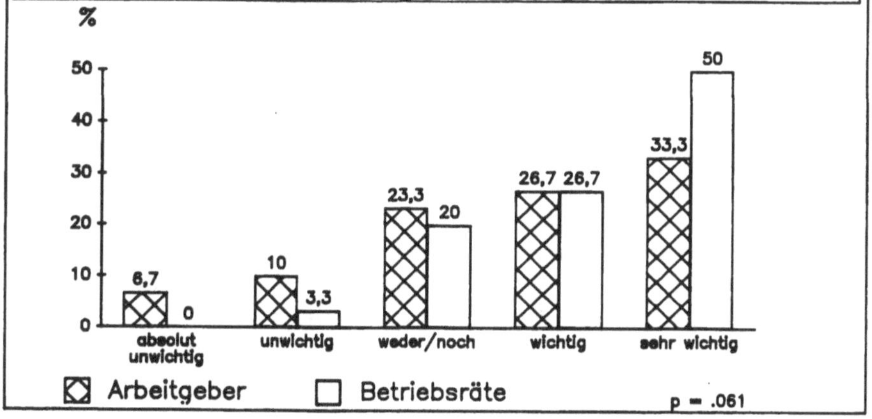

Auch beim Kriterium „Zufriedenheit" sind Arbeitgeber und Betriebsräte offenbar einer Meinung und ordnen es größtenteils als wichtig bzw. sehr wichtig ein (vgl. Abbildung 57).

Abbildung 57:
Beurteilung des Kriteriums "Zufriedenheit" als Kennzeichen menschengerechter Arbeit

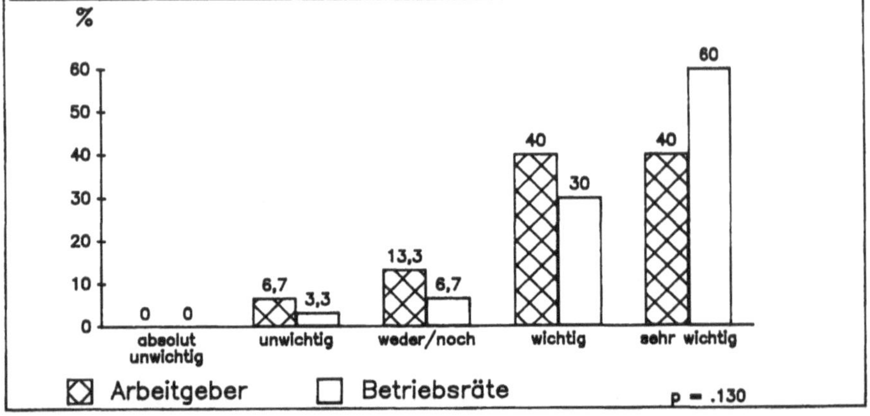

Die Mittelwerte lagen hier bei 4,1 für die Arbeitgeber und 4,5 für die Betriebsräte. Dies erscheint erstaunlich, da gerade dieses Kriterium in der Literatur teilweise Kritik hervorgerufen hat. Es wurde bezweifelt, ob man es wirklich jedem Arbeitnehmer recht machen könne. Über die Motive der Befragten, dieses Kriterium tendenziell als wichtig bzw. sehr wichtig einzuordnen, kann man nur Vermutungen anstellen. Die Betriebsräte mögen dabei daran gedacht haben, daß es letztendlich sicherlich wichtig ist, den Menschen mit einer Arbeitsgestaltung zu konfrontieren, die zu seiner Zufriedenheit führt. Die Arbeitgeberseite mag an die negativen Auswirkungen ökonomischer Art bei unzufriedenen Mitarbeitern gedacht haben.

c) Zugrundelegung der Rohmert-Ebenen in der Praxis

Mit der obigen Frage wurde zunächst eine gewünschte Beurteilung der vier Kriterien erhoben. Die anschließende Frage lautete deshalb: „Welche der Rohmert-Kriterien werden nach Ihrer Meinung in Ihrem Betrieb den Arbeitsgestaltungsentscheidungen zugrundegelegt?". Für uns war von Interesse, ob Wunsch und Wirklichkeit auseinanderklaffen oder übereinstimmen. Die Frage nach der praktischen Berücksichtigung der einzelnen Kriterien bei geplanten Arbeitsgestaltungsmaßnahmen wurde ebenfalls auf einer 5er-Skala, mit den Polen „nie" und „immer" abgefragt. „Nie" bedeutete dabei, daß in der Praxis des befragten Betriebes das Kriterium praktisch niemals zugrundegelegt wird; „immer" bedeutete, daß man das Kriterium bei jeder Arbeitsgestaltungsmaßnahme berücksichtigt.

Beim Kriterium der „Ausführbarkeit“ waren 90% der Arbeitgeber und 83% der Betriebsräte der Meinung, daß dieses Kriterium häufig bzw. immer den Arbeitsgestaltungsmaßnahmen zugrunde gelegt wird. Diese recht eindeutige Aussage deutet darauf hin, daß das genannte Kriterium in der Praxis Anwendung findet. Dies erscheint aus sich heraus plausibel (vgl. Abbildung 58).

Abbildung 58:
Praktische Berücksichtigung des Kriteriums "Ausführbarkeit" bei Arbeitsgestaltungsmaßnahmen

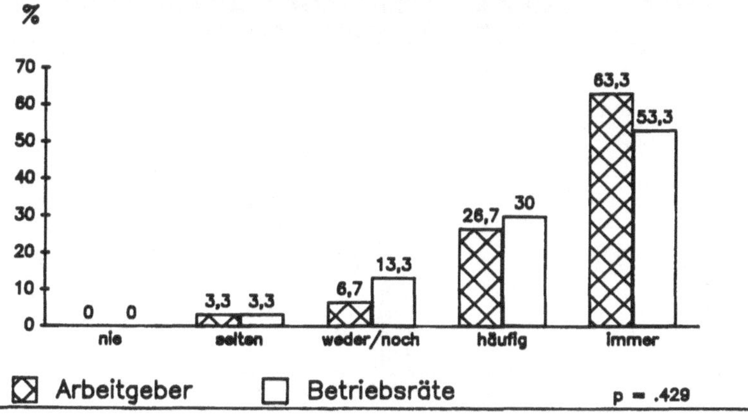

Auch dem Kriterium „Erträglichkeit“ kommt eine hohe praktische Relevanz zu. Hier waren sogar 97% der Arbeitgeber der Meinung, daß dieses Kriterium häufig bzw. immer angewendet wird, und 80% der Betriebsräte konnten dies bestätigen (vgl. Abbildung 59).

Abbildung 59:
Praktische Berücksichtigung des Kriteriums "Erträglichkeit" bei Arbeitsgestaltungsmaßnahmen

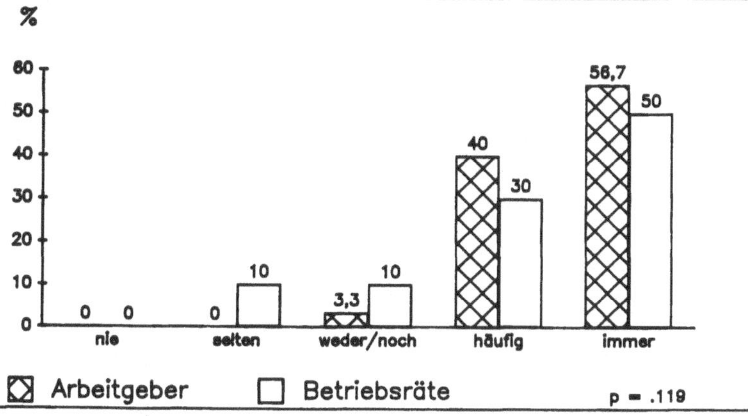

Nicht mehr so eindeutig wurde das Kriterium der „Zumutbarkeit“ beurteilt. Nur noch 10% der Betriebsräte und 37% der Arbeitgeber sind der Meinung, daß das Kriterium der Zumutbarkeit immer zugrundegelegt wird. 43% der Arbeitgeber und 53% der Betriebsräte halten es allerdings für häufig in der Praxis berücksichtigt. Die Mittelwerte der Nennungen lagen hier bei 3,9 für die Arbeitgeberseite und 3,7 für die Betriebsräte (siehe Abbildung 60).

Abbildung 60:
Praktische Berücksichtigung des Kriteriums "Zumutbarkeit" bei Arbeitsgestaltungsmaßnahmen

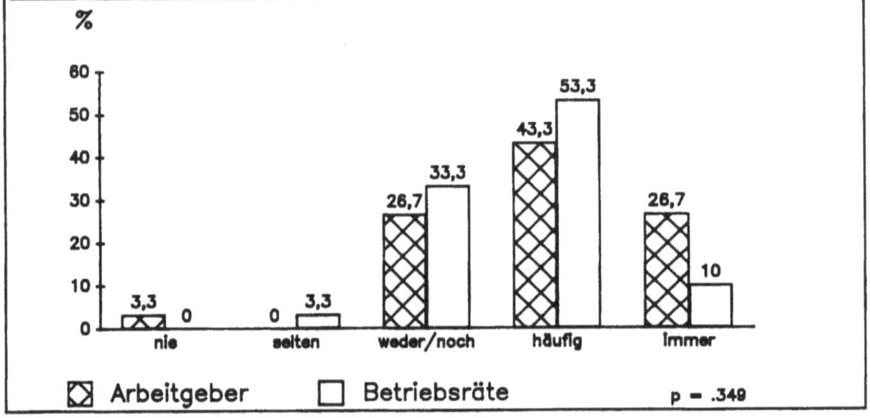

Ein ähnliches Bild zeigte die Frage nach der Berücksichtigung des Kriteriums „Zufriedenheit“. Hier lagen die Mittelwerte der Nennungen bei 3,8 für die Arbeitgeber und bei 3,3 für die Betriebsräte. 20% der Arbeitgeber halten es für immer angewendet, 13% der Betriebsräte sind ebenfalls dieser Meinung. 47% der Arbeitgeber sehen es als häufig angewendet, immerhin 30% der Betriebsräte schließen sich dieser Meinung an. Es gibt allerdings eine Minderheit von 7% Betriebsräten, die dieses Kriterium als nie zugrundegelegt ansieht (vgl. Abbildung 61).

Ein Vergleich der Antworten zur gewünschten und realen Auslegung der vier Kriterien zeigt, daß hinsichtlich der Ausführbarkeit und Erträglichkeit übereinstimmende Ergebnisse vorliegen. Bei den Kriterien Zumutbarkeit und Zufriedenheit werden jedoch Unterschiede deutlich. Dies betrifft sowohl die Beurteilung von Wunsch und Wirklichkeit wie Einschätzungen der Arbeitgeber und Betriebsräte. Betriebsräte sehen hier generell Unterschiede. Die Arbeitgeberseite dagegen sieht in hohem Maße das Kriterium der Zumutbarkeit als in der Praxis berücksichtigt an. Lediglich beim Kriterium der Zufriedenheit weist der Mittelwert eine eher zurückhaltende Beurteilung aus. Einige Arbeitgebervertreter stellten hier die Frage in den Raum, ob Arbeit denn generell zur Zufriedenheit des Menschen führen kann.

Abbildung 61:
Praktische Berücksichtigung des Kriteriums "Zufriedenheit" bei Arbeitsgestaltungsmaßnahmen

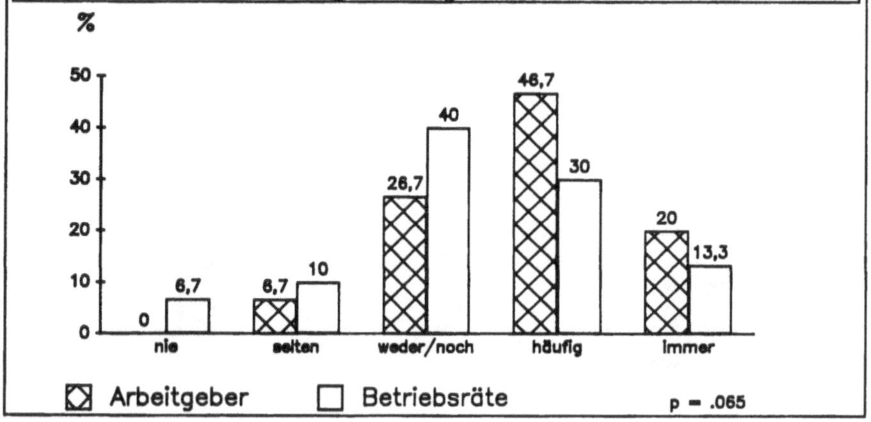

d) Beurteilung des Kriteriums „Subjektives Wohlbefinden"

Von der Weltgesundheitsorganisation (WHO) wurde das Kriterium „subjektives Wohlbefinden" als Maßstab einer menschengerechten Arbeit in die Diskussion gebracht. Diese Bezeichnung hebt noch mehr als das Kriterium der „Zufriedenheit" (nach Rohmert) auf individuelle Eigenheiten des Menschen ab. Er soll sich danach mit all seinen Eigenheiten und mit seinen subjektiven Empfindungen an einem bestimmten Arbeitsplatz wohlfühlen. Auch dieses Kriterium haben wir den Arbeitgebern und Betriebsräten als Maßstab einer menschengerechten Arbeit vorgelegt. Die Beurteilungsskala reichte hier von „sehr unzutreffend" bis „sehr treffend". Die Abbildung 62 zeigt die Ergebnisse.

Die Mittelwerte lagen hier bei den Arbeitgebern bei 3,3 und bei den Betriebsräten bei 3,9. Das bedeutet, daß die Betriebsräte diesem Kriterium eher zustimmen als die Arbeitgebervertreter. Die statistische Analyse weist allerdings insgesamt keine signifikante Abweichung in den Beurteilungen beider Seiten aus (p = .070), obwohl die graphische Darstellung einen Unterschied suggeriert. Insgesamt handelt es sich um eine recht flache Verteilung. Dies deutet darauf hin, daß sich die Praktiker mit diesem Kriterium schwer tun. So waren sie auch bei ihrer Kommentierung der Frage der Meinung, daß eine allzu starke Orientierung an subjektiven Faktoren der Praxis nicht gerecht würde. Sie sei lebensfremd, da eine Orientierung an jedem einzelnen Individuum letztlich zum Chaos führen könne, da man für jeden einzelnen Mitarbeiter eine spezielle arbeitsorganisatorische Gestaltung finden müßte.

Abbildung 62:
Beurteilung des Kriteriums "subjektives Wohlbefinden" als Maßstab einer menschengerechten Arbeit

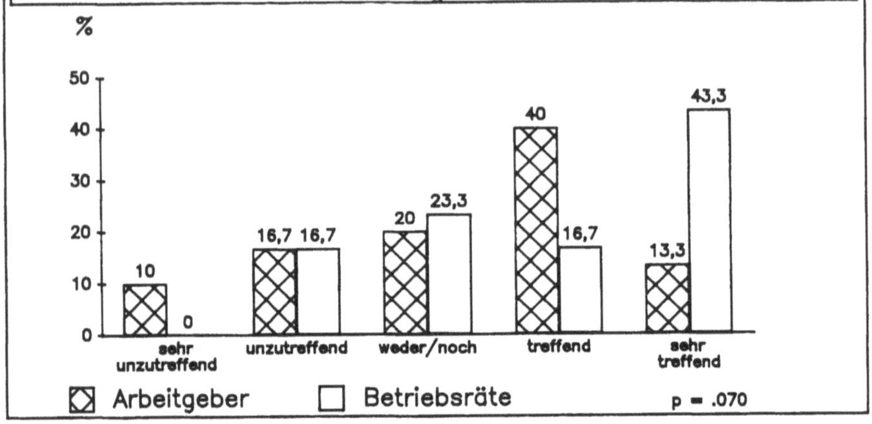

e) Beurteilung der Herzberg-Faktoren

Außer an objektiven Bedingungen läßt sich die Frage der Menschengerechtigkeit von Arbeit aus der Sicht der Betroffenen an Kriterien der Arbeitszufriedenheit festmachen. Nach der Zwei-Faktoren-Theorie von Frederic Herzberg wird die Arbeitszufriedenheit durch Motivatoren und sogenannte Hygienefaktoren bestimmt. Motivatoren gehen vom Arbeitsinhalt aus, Hygienefaktoren entstammen der Arbeitsumwelt (vgl. Herzberg [Work] 1966 und ders. [Motivate] 1968). Die Anreicherung von Arbeitsinhalten, wie sie z. B. in neuen Formen der Arbeitsorganisation vorgesehen ist, erzeugt nach Herzberg eine intrinsische Motivation der Arbeitnehmer. Umfassende Arbeitsaufgaben motivieren den Arbeitnehmer danach aus sich selbst heraus.

Auch in unserer Untersuchung haben wir geprüft, wie die Praktiker die Herzberg-Faktoren als Maßstab der Menschengerechtigkeit von Arbeit beurteilen. Die Frage lautete: „Macht man die Frage der Menschengerechtigkeit am Begriff der Arbeitszufriedenheit fest, so könnte man auf die 10 Faktoren von Herzberg zurückgreifen. Wie beurteilen Sie diese als Maßstab einer menschengerechten Arbeit?“. Jeder Faktor wurde einzeln abgefragt, wobei eine 5er-Skala zugrunde gelegt wurde, die von „absolut unwichtig“ bis „sehr wichtig“ für eine menschengerechte Arbeitsgestaltung reichte. Die nachfolgend dargestellten Mittelwerte bei den einzelnen Fragen zeigen, daß der Durchschnitt der Antworten zwischen „wichtig“ bzw. „sehr wichtig“ liegt (siehe Abbildung 63).

Auffallend ist, daß beide Seiten die Wichtigkeit der einzelnen Faktoren relativ hoch bewerten. Hier scheint eine große Übereinstimmung zwischen Arbeitgebern

Abbildung 63:
Die Herzberg–Faktoren im Meinungsbild von Arbeitgebervertretern und Betriebsräten

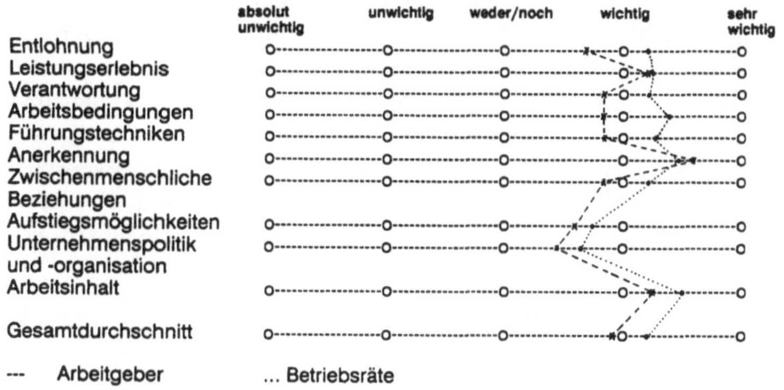

und Betriebsräten gegeben zu sein, wobei die durchschnittlichen Antworten der Betriebsräte noch 0,2 Punkte über denen der Arbeitgeber liegen. Sehr niedrig bewertet wurden von beiden Seiten die Faktoren „Unternehmenspolitik" und „Aufstiegsmöglichkeiten". Dem Faktor „Entlohnung" haben die Befragten eine mittlere Wertung gegeben. Beide Seiten haben aber kommentierend betont, daß eine qualifikationsgerechte Entlohnung zwar die Grundvoraussetzung sei, aber hinsichtlich der Frage einer menschengerechten Gestaltung der Arbeit hinter die anderen Faktoren zurücktrete.

Trotzdem muß festgehalten werden, daß die Betriebsräte der Entlohnung insgesamt gesehen doch noch eine hohe Bewertung geben. Sie hielten in vielen Bereichen die materielle Absicherung der Arbeitnehmer nicht für ausreichend.

Der Faktor „Aufstiegsmöglichkeiten" wurde anders bewertet. Hier waren die Betriebsräte der Meinung, daß die Aufstiegsmöglichkeiten im Bereich der Arbeiter und Angestellten ohnehin begrenzt seien. Und für das Management stelle sich die Problematik der §§ 90, 91 Betriebsverfassungsgesetz nicht. Auch die Arbeitgeberseite sah hierin kein spezifisches Kennzeichen einer menschengerechten Arbeit.

Die höchsten Wertungen erhielten die Faktoren „Anerkennung" und „Arbeitsinhalt". Dabei fällt auf, daß die Arbeitgeberseite beim Merkmal „Anerkennung" eine höhere Wertung vornahm als die Betriebsräte. Aus Arbeitgebersicht scheint dies der wichtigste Faktor für eine menschengerechte Gestaltung der Arbeit zu sein. Die hohe Wertung des „Arbeitsinhaltes" stimmt mit den oben referierten Ergebnissen zu den neuen Formen der Arbeitsorganisation überein.

8. Der Begriff „Arbeitswissenschaftliche Erkenntnisse“

Als weiterer unbestimmter Rechtsbegriff wird im Gesetz die Anspruchsgrundlage „arbeitswissenschaftlichen Erkenntnisse“ genannt, an denen sich die konkreten Arbeitsgestaltungsmaßnahmen orientieren sollen. Der Stand der arbeitswissenschaftlichen Erkenntnisse entscheidet damit über die menschengerechte Gestaltung der Arbeit. Unter „Arbeitswissenschaft“ ist dabei keine abgegrenzte Fachdisziplin zu verstehen, sondern die verschiedenen Wissenschaftsbereiche, die sich mit Fragen menschlicher Arbeit beschäftigen (Arbeitswissenschaft i.e.S.: Medizin, Psychologie, Sozialwissenschaften etc.). (Vgl. Fitting u.a. [Betriebsverfassungsgesetz] 1987, Rn. 7 zu § 89 BetrVG). Ziel der Arbeitswissenschaft ist es, die Arbeit am Maßstab des Menschen zu orientieren.

Die Einstiegsfrage in diesen Themenkreis lautete: „Was verstehen Sie unter arbeitswissenschaftlichen Erkenntnissen?“.

a) Die Auslegung durch die Befragten

Die Antworten der Arbeitgeberseite lassen sich auf zwei Merkmale verdichten. Zum einen gelten veröffentlichte Vorschriften (Normen, Unfallverhütungsvorschriften, Bestimmungen der Berufsgenossenschaften etc.) als arbeitswissenschaftliche Erkenntnisse, zum anderen sieht man den Erfahrungsschatz betrieblicher Experten (Betriebsarzt, Ingenieur, Arbeitskollege) als Grundlage arbeitswissenschaftlicher Erkenntnisse an.

Die Ergebnisse zeigen, daß es den Betriebsräten nicht leicht fällt, eine Definition des Begriffs „arbeitswissenschaftliche Erkenntnisse“ zu geben. Eines läßt sich jedoch aus den Antworten ablesen. Man versteht keineswegs nur veröffentlichte Normen oder wissenschaftliche Ergebnisse darunter, sondern insbesondere auch die praktischen Erfahrungen der Betriebsräte oder betroffener Mitarbeiter.

b) Beurteilung arbeitswissenschaftlicher Erkenntnisbereiche

Nach der Möglichkeit, Arbeitswissenschaften frei zu interpretieren, wurde den Befragten eine Liste von möglichen Erkenntnisbereichen der Arbeitswissenschaft vorgelegt. Arbeitgeber wie Betriebsräte sollten angeben, welche der genannten Erkenntnisbereiche ihrer Meinung nach zur Arbeitswissenschaft gehören.

— Physische Leistungsfähigkeit des Menschen.

— Körperliche Belastungen und Beanspruchungen des Menschen.

— Dynamische und statische Muskelarbeit des Menschen.

— Arbeitsraumklima.

— Staub, Gas, Rauch und Nebel im Arbeitsraum.

— Belüftung des Arbeitsraums.

— Lärm am Arbeitsplatz.

— Mechanische Schwingungen.

— Beleuchtung am Arbeitsplatz.

— Farbgestaltung von Arbeitsplatz und Umgebung.

— Gestaltung der Arbeitsmittel.

— Gestaltung des Arbeitsplatzes.

— Arbeitszeit und Pausenregelungen.

— Geistige Anforderungen an den Menschen.

— Motivation und Arbeitszufriedenheit.

— Arbeitsorganisation.

— Unfallverhütung.

Die Ergebnisse zu dieser Frage können in einem Satz zusammengefaßt werden. Nahezu alle Arbeitgeber und alle befragten Betriebsräte waren der Meinung, daß alle genannten Bereichen den Arbeitswissenschaften zuzuordnen seien.

Ergänzend wurde dann gefragt, wie sich die Praktiker über den arbeitswissenschaftlichen Erkenntnisstand informieren. Hier wurde in erster Linie von beiden Seiten Fachliteratur genannt, aber auch die Information beim Werksarzt. Ergänzend kamen bei der Arbeitgeberseite Informationen des Arbeitgeberverbandes und bei der Betriebsratsseite Informationen über die Humanisierungsberatungsstelle der Gewerkschaft bzw. die Gewerkschaft allgemein hinzu.

9. Begriff der „Gesichertheit“

Ergänzend hat der Gesetzgeber den Begriff der „Gesichertheit“ erwähnt und zwar im Zusammenhang mit der Anspruchsgrundlage arbeitswissenschaftlicher Erkenntnisse. Es sollen nicht alle vorhandenen arbeitswissenschaftlichen Erkenntnisse direkt in Arbeitsgestaltungsmaßnahmen einfließen müssen, sondern nur diejenigen Erkenntnisse, die als gesichert gelten. Was als gesichert anzusehen ist, wird allerdings nicht definiert. Fitting u.a. sind der Meinung, daß die Gesichertheit nicht alleine dadurch bestimmt werden kann, daß bestimmte Normen festgelegt worden sind oder die Erkenntnisse ihren Niederschlag in allgemein anerkannten Regeln der Technik gefunden haben. Es genüge vielmehr eine eindeutig überwiegende Meinung der Fachkreise (vgl. Fitting u.a. [Betriebsverfassungsgesetz] 1987, Rn. 7 a zu § 89). Auch zum Begriff der Gesichertheit wurde zunächst die Meinung der Betriebspartner erfragt. In einem zweiten Schritt haben wir dann das Kategoriensystem von Birkwald und Pornschlegel einer Beurteilung der Arbeitgeber und Betriebsräte zugrunde gelegt.

a) Die Auslegung durch die Befragten

Die offene Frage zum Begriff der Gesichertheit lautete: „Arbeitswissenschaftliche Erkenntnisse sind nach § 90 für die Beurteilung desen, was eine menschengerechte Arbeit ist, maßgebend, wenn sie 'gesichert' sind. Was würden Sie als eine gesicherte Erkenntnis ansehen?".

Drei Definitionselemente lassen sich aus den Antworten der Arbeitgeberseite herauslesen. Zum einen das Kriterium der Meßbarkeit, die schriftliche Veröffentlichung und die Bewährung in der Praxis.

Die Antworten der Betriebsräte lassen sich kaum zu übergeordneten Kriterien zusammenfassen. Für die Betriebsräte gilt „praktisch alles" als gesichert. Sie wollen die Reichweite des § 90 durch diese Formulierung nicht eingeschränkt sehen. Dies läßt sich durch zwei Äußerungen recht treffend belegen. Man hält zum einen die Ergebnisse für selten gesichert und oft subjektiv, zum anderen wird den Arbeitgebern teilweise unterstellt, daß sie sich auf diesen Begriff zurückziehen, um sich nicht nach wissenschaftlichen Erkenntnissen richten zu müssen.

Andererseits haben die Antworten der Arbeitgeberseite gezeigt, daß man dort keinesweges zu einer engen Auslegung des Begriffs neigt.

b) Wünschenswerte Auslegung des Gesichertheitsbegriffs

Birkwald und Pornschlegel haben den Gesichertheitsbegriff anhand von fünf Kategorien operationalisiert (vgl. Birkwald / Pornschlegel [Handlungsanleitung] 1976). Danach gelten als Kriterien der Gesichertheit:

1. Methodisch-statistische Erkenntnisse.
2. Die Meinung der Fachkreise.
3. Kollektivvereinbarungen.
4. DIN-Normen und technische Regelwerke.
5. Gesetze und Verordnungen.

Auch diese fünf Kategorien haben wir den Praktikern zur Beurteilung vorgelegt. Sie mußten anhand einer 5er-Skala, die von „absolut ungesichert" bis „absolut gesichert" reichte, beurteilen, wie stark sie das jeweilige Kriterium als Kennzeichen einer gesicherten arbeitswissenschaftlichen Erkenntnis beurteilen.

Hinsichtlich des Kriteriums „Methodisch statistische Erkenntnisse" ergab sich ein Mittelwert von 3,5 bei der Arbeitgeberseite und 3,6 bei den Betriebsräten. Das Ergebnis zeigt, daß man dieses Kriterium durchaus als einen Faktor der Gesichertheit anerkennt (vgl. Abbildung 64).

Abbildung 64:
Beurteilung des Faktors "Methodisch–statistische Erkenntnisse"

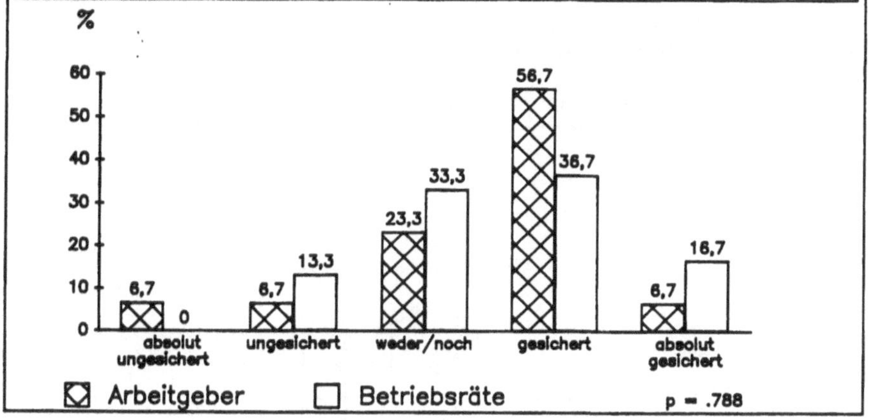

Ein ähnliches Bild zeigte sich bei dem Faktor „Meinung der Fachkreise". Hier lagen die Mittelwerte übereinstimmend bei 3,4 für die Arbeitgeberseite und die Betriebsratsseite (siehe Abbildung 65).

Abbildung 65:
Beurteilung des Faktors "Meinung der Fachkreise"

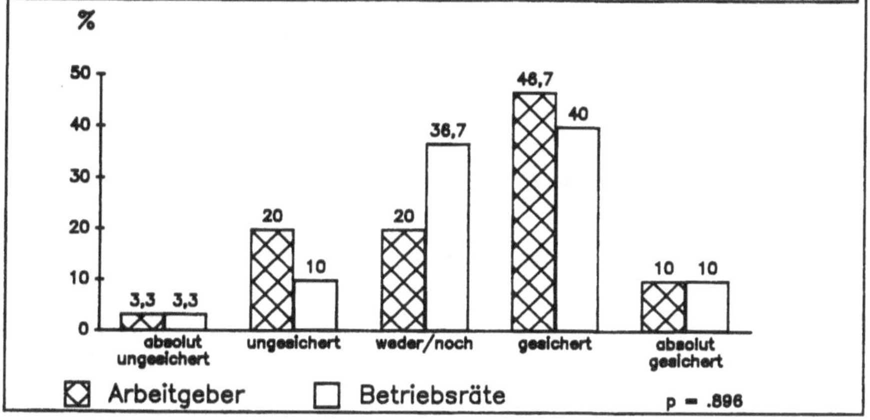

Bei beiden Faktoren gab es keine signifikanten Unterschiede zwischen den befragten Parteien. Anders stellt sich das Ergebnis dagegen beim Faktor „Kollektivvereinbarungen" dar. Hier zeigten sich deutliche Unterschiede zwischen der

Arbeitgeber- und Betriebsratsseite. Dies drücken auch die Mittelwerte von 2,9 für die Arbeitgeberseite und 3,6 für die Betriebsratsseite aus. Abbildung 66 macht diesen Unterschied deutlich.

Abbildung 66:
Beurteilung des Faktors "Kollektivvereinbarungen"

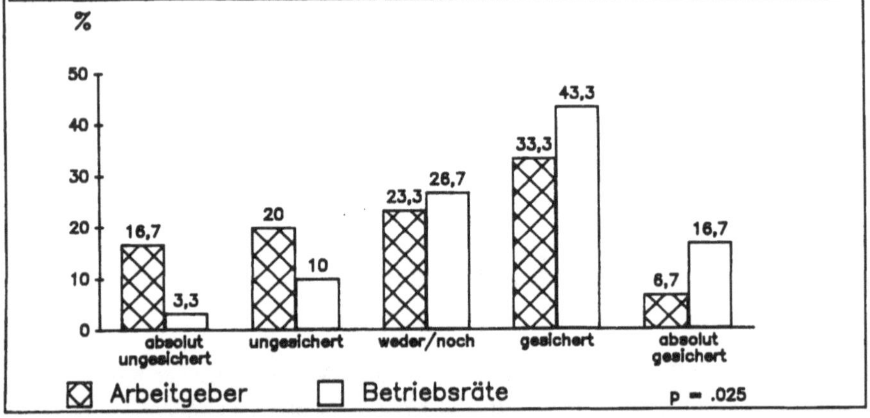

Fragt man nach den Gründen für diese Einschätzung, so zeigt sich, daß die Arbeitgeber Kollektivvereinbarungen oftmals nicht an „irgendwelchen" wissenschaftlichen Erkenntnissen orientieren möchten, sondern an der Interessenlage der Beteiligten. Diese müsse nicht zwangsläufig mit dem wissenschaftlichen Erkenntnisstand übereinstimmen.

Der Faktor „DIN-Normen und technische Regelwerke" wurde dagegen wieder mehrheitlich als gesichert bzw. als absolut gesichert angesehen. Die Mittelwerte lagen hier bei 3,7 für die Arbeitgeberseite und 3,3 für die Betriebsratsseite. Interessanterweise neigt die Arbeitgeberseite in stärkerem Maße dazu, diesen Faktor als Gesichertheitskriterium arbeitswissenschaftlicher Erkenntnisse anzuerkennen (siehe Abbildung 67).

Als letztes wurde der Faktor „Gesetze und Verordnungen" erhoben. Auch hier neigten die Arbeitgeber mit einem Mittelwert von 3,5 zu einer positiveren Beurteilung als die Betriebsräte mit einem Mittelwert von 3,3 (vgl. Abbildung 68).

Bei den Befragten, die diesen Faktor nicht als ein Kriterium der Gesichertheit beurteilten, haben wir nach den Gründen ihres Urteils gefragt. Auch hier wurde die eher reservierte Haltung damit begründet, daß der Gesetzgeber bzw. Verordnungsgeber seine Normen keineswegs immer an den wissenschaftlichen Erkenntnissen orientieren würde. Seine Normsetzung richte sich eher am politischen Meinungsbildungsprozeß und politischer Opportunität aus.

Abbildung 67:
Beurteilung des Faktors "DIN–Normen und technische Regelwerke"

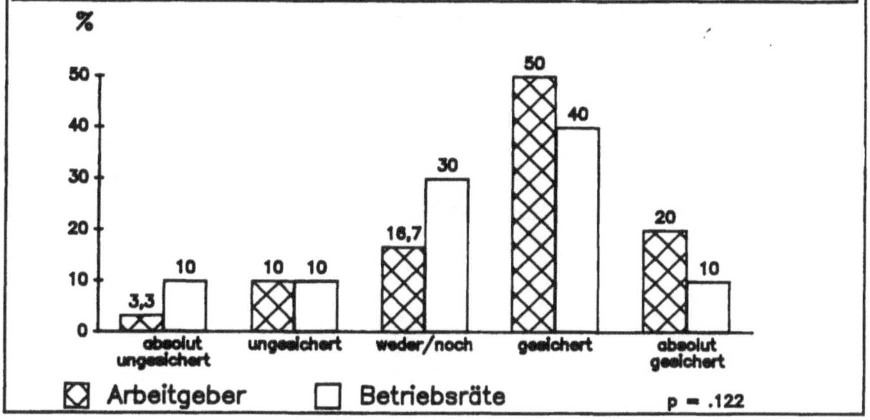

Abbildung 68:
Beurteilung des Faktors "Gesetze und Verordnungen"

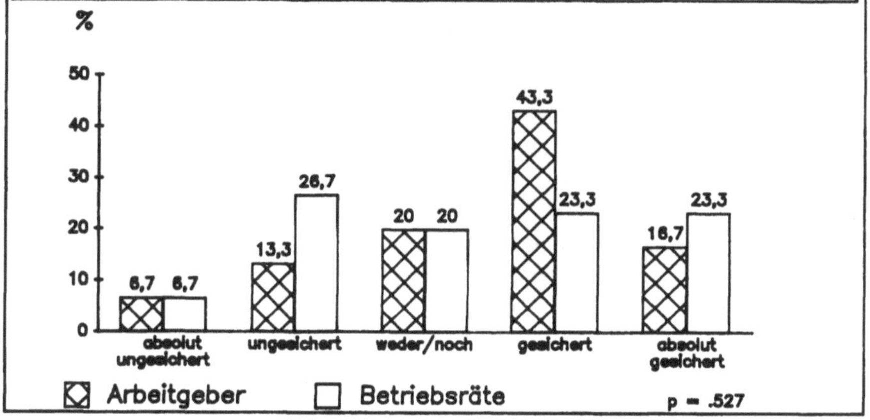

c) Praktische Anwendung von Gesichertheitskriterien

Bisher wurde nur nach einer allgemeinen Einschätzung der fünf Kriterien gefragt. In einer weiteren Frage haben wir ermittelt, inwieweit man die genannten Kriterien den praktischen Arbeitsgestaltungsüberlegungen zugrundelegt. Die Skala der Beurteilungen reichte hier von „nie“ bis „immer“. Dabei ergeben sich die folgenden Ergebnisse.

Hinsichtlich des Faktors „Methodisch statistische Erkenntnisse“ errechnet sich ein Mittelwert von 3,5 für die Arbeitgeberseite und 3,4 für die Betriebsratsseite. Es waren also weniger Betriebsräte der Meinung, daß dieser Faktor in der Praxis Anwendung fände, als Betriebsräte, die der Meinung waren, daß dieser Faktor angewendet werden sollte. Dies zeigt einen Unterschied zwischen dem Wunsch und der empfundenen Wirklichkeit (vgl. Abbildung 69).

Abbildung 69:
Berücksichtigung "Methodisch-statistischer Erkenntnisse" bei geplanten Arbeitsgestaltungsmaßnahmen

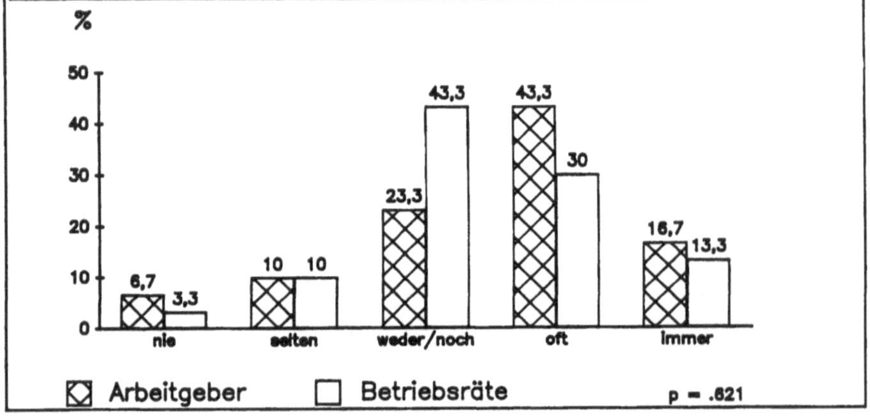

Auch hinsichtlich des Kriteriums „Meinung der Fachkreise“ ergaben sich ähnliche Werte. Sie lagen bei 3,9 für die Arbeitgeberseite und bei 3,4 für die Betriebsratsseite (vgl. Abbildung 70).

Abbildung 70:
Berücksichtigung der "Meinung der Fachkreise" bei geplanten Arbeitsgestaltungsmaßnahmen

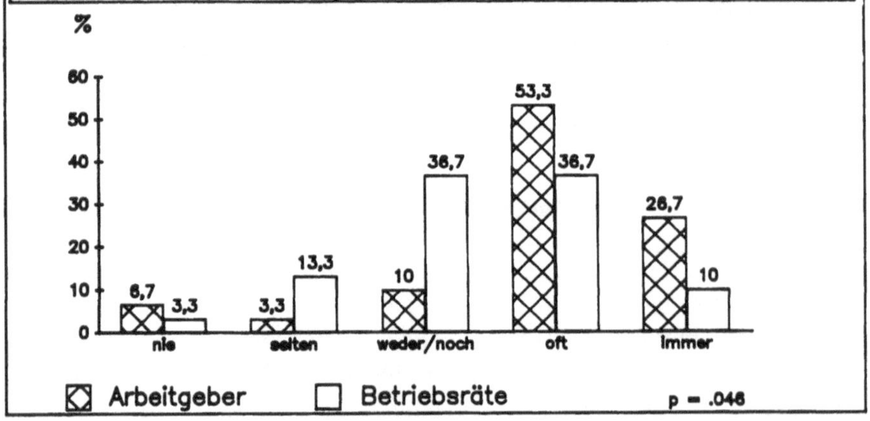

Die Arbeitgeberseite ist hier offenbar in stärkerem Maße der Meinung, daß die Meinung der Fachkreise bei geplanten Arbeitsgestaltungsmaßnahmen Eingang in die Überlegungen findet.

Hinsichtlich der „Kollektivvereinbarungen" ergab sich ein deutlicheres Bild. Die Mittelwerte lagen hier bei 4,3 für beide Seiten (vgl. Abbildung 71).

Abbildung 71:
Berücksichtigung der "Kollektivvereinbarungen" bei geplanten Arbeitsgestaltungsmaßnahmen

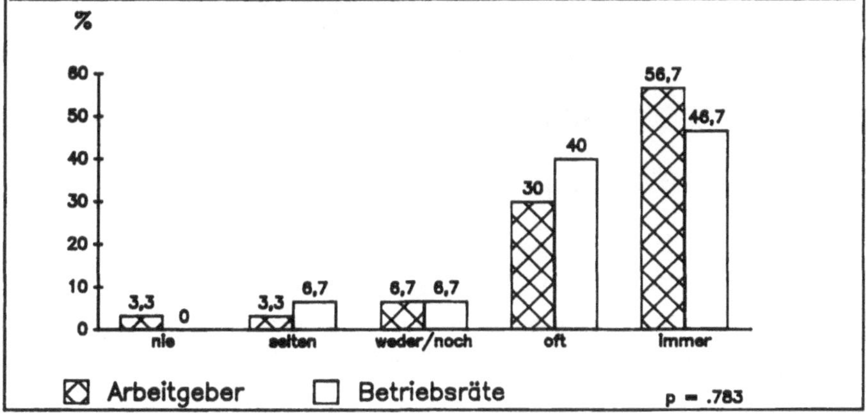

Daraus folgt, daß Kollektivvereinbarungen eine wesentlich stärkere Regelungsrelevanz haben als die bisher genannten Kriterien. Die Praktiker waren in ihren ergänzenden Aussagen der Meinung, daß Dinge, die bereits in Kollektivvereinbarungen Eingang gefunden haben, auf jeden Fall beachtet werden müssen. Ein signifikanter Unterschied zwischen beiden Seiten war nicht feststellbar.

Hinsichtlich des Faktors „DIN-Normen und technische Regelwerke" ergab sich ein ähnliches Bild. Hier lagen die Mittelwerte bei 4,5 (Arbeitgeberseite) bzw. 4,4 (Betriebsräte). Die Ergebnisse zeigt Abbildung 72.

Noch stärker war die Übereinstimmung hinsichtlich des Faktors „Gesetze und Verordnungen". Hier lagen die Mittelwerte bei 4,6 für die Arbeitgeberseite und bei 4,7 für die Betriebsratsseite (vgl. Abbildung 73).

Die Praktiker waren danach der Meinung, daß unabhängig davon, ob Gesetze und Verordnungen den arbeitswissenschaftlichen Erkenntnisstand abbilden, diese doch bei geplanten Arbeitsgestaltungsmaßnahmen berücksichtigt werden müssen. Da durch Gesetze und Verordnungen eine klare Anspruchsgrundlage für die Betriebsräte oder auch für externe Kontrollorgane (Gewerbeaufsicht) gegeben ist, kann man sich eine Mißachtung nicht leisten.

Abbildung 72:
Berücksichtigung von "DIN–Normen und technischen Regelwerken" bei geplanten Arbeitsgestaltungsmaßnahmen

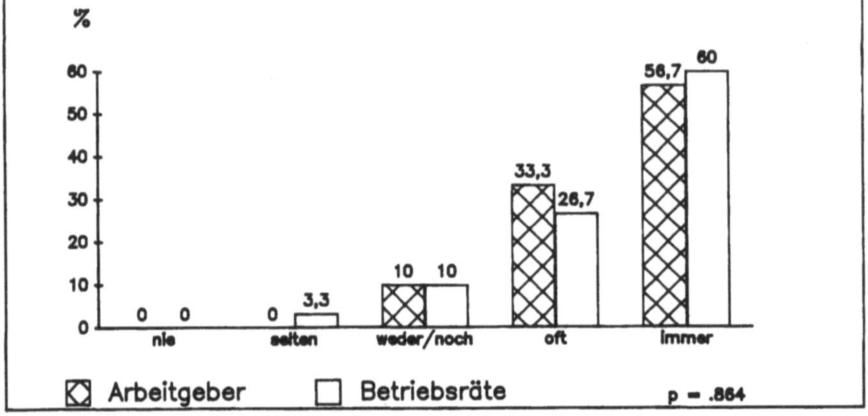

Abbildung 73:
Berücksichtigung von "Gesetzen und Verordnungen" bei geplanten Arbeitsgestaltungsmaßnahmen

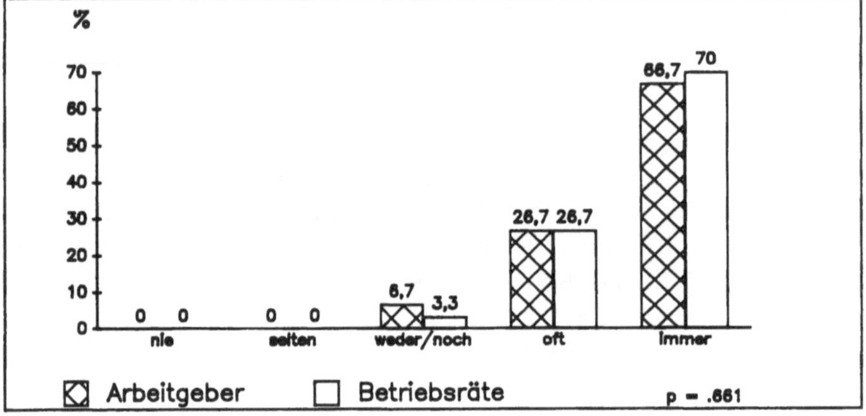

10. Zusammenfassung

Die Analyse der Ergebnisse zeigt sowohl Unterschiede als auch Gemeinsamkeiten in der Auslegung des § 90 BetrVG durch die Betriebspartner. Zuammmenfassend lassen sich dazu die folgenden Aussagen treffen.

Eine gemeinsame Ausgangsposition ist bei der Beurteilung von Maßnahmen festzustellen, die der Forderung nach einem humanen Arbeitsplatz widersprechen. Taktbindung am Arbeitsplatz, Fließbandstrukturen, Fremdkontrolle und Isolation werden ebenso negativ angesehen wie Schicht- und Nachtarbeit. Die Haltungen der beiden Seiten weichen nur geringfügig voneinander ab. Die Arbeitgeberseite weist allerdings darauf hin, daß sich manche wünschenswerte Arbeitsgestaltung aufgrund ökonomischer und technologischer Sachzwänge nicht verwirklichen läßt. Die Herausnahme von Arbeitnehmern aus belastenden Arbeitsbereichen und deren Ersatz durch Maschinen wird ebenfalls von beiden Seiten befürwortet. Man toleriert demnach das ersatzlose Verschwinden von nachteiligen Arbeitsplätzen. Die neuen Formen der Arbeitsorganisation wie Job Enlargement, Job Enrichment, Job Rotation und teilautonome Arbeitsgruppen werden insgesamt als positive arbeitsorganisatorische Gestaltungsprinzipien eingeschätzt. Hinsichtlich der konkreten Arbeitsgestaltung gelten eingeengte Handlungsspielräume der Arbeitnehmer in zunehmendem Maße als besonders negativ.

Schließlich stimmen die befragten Betriebspartner in der Beurteilung von die Mitarbeiter motivierenden Faktoren überein. Hier zeigt sich ein ähnliches Bild, wie es von der Wertewandel-Diskussion bekannt ist. Nichtmonetäre Faktoren scheinen zunehmend an Gewicht zu gewinnen. Besonders betont wurde die Vermittlung von Leistungserlebnissen am Arbeitsplatz, die Delegation von Verantwortung, die zwischenmenschlichen Beziehungen, die Anerkennung von Mitarbeiterleistungen sowie das Verhalten der Führungskräfte. Die Gestaltung der Arbeitsbedingungen und Arbeitsinhalte ist nach übereinstimmender Meinung der Praktiker in der Metallindustrie ebenfalls äußerst wichtig.

Unterschiede werden insbesondere bei der Frage deutlich, zu welchem Zeitpunkt und in welchem Umfang die Betriebsräte über Maßnahmen, die die künftige Arbeitsgestaltung betreffen, informiert werden sollten. Es leuchtet ein, daß sich die Betriebsräte für eine möglichst frühe Information durch die Arbeitgeberseite aussprechen, um auf die durch technologischen Wandel erzwungenen Änderungen schneller reagieren zu können.

In der Bewertung der realen Informationsaktivitäten bestehen gravierende Unterschiede zwischen Arbeitgebern und Betriebsräten. Betriebsräte wünschen den gesamten Entscheidungsprozeß zu begleiten und durch Information und Beratung mitwirken zu könnnen. Die Arbeitgebervertreter sehen eine Entscheidungsbeteiligung dagegen erst in konkreteren Stadien als sinnvoll an.

Der Umfang zugänglicher Informationen bereitet dagegen kaum Anlaß, Veränderungen zu wünschen. Betriebsräte fühlen sich durchaus umfassend informiert. Die notwendigen Unterlagen werden durchgängig von Arbeitgeberseite zugänglich gemacht.

Die Mitwirkung der Betriebsräte wird vom Gesetzgeber an die Anspruchsgrundlage der „gesicherten arbeitswissenschaftlichen Erkenntnisse“ gebunden, die bei der Planung von Veränderungen berücksichtigt werden sollen. Diese Formulierung zielt auf eine dynamische Anpassung betrieblicher Strukturen an den sich verändernden Erkenntnisstand. In der Praxis kommt hier jedoch den in Gesetzen und Verordnungen vorgegebenen Richtlinien, DIN-Normen und anderen technischen Regelwerken oder Kollektivvereinbarungen eine wesentlich höhere Bedeutung zu, als z. B. den erst auf der Ebene der Fachkreise diskutierten Erkenntnissen. Man scheint sich offenbar an kompetenten, in anerkannten Regelwerken publizierten Erkenntnissen zu orientieren. Andererseits wird deutlich, daß betrieblichen Experten, den Betriebsräten selbst oder den Betroffenen eine hohe Kompetenz für die Beurteilung des „Humanitätsgrads" konkreter arbeitsgestalterischer Lösungen zugesprochen wird. Dem Praktikerwissen kommt somit eine höhere Bedeutung zu, als es der Gesetzgeber vermutet bzw. beabsichtigt.

E. Die unbestimmten Rechtsbegriffe in § 91 BetrVG

§ 91 ergänzt den § 90 als Teil des autonomen Arbeitsschutzes. Zunächst soll auf die Grundproblematik des § 91 eingegangen werden und danach auf die empirischen Befunde.

1. Grundlegende Problematik des § 91

§ 91 wird auch als „korrigierende Mitbestimmung" des Betriebsrats bezeichnet. Dieses Mitbestimmungsrecht ergänzt das Informations- und Beratungsrecht des § 90. Es greift allerdings erst, wenn konkrete Änderungen der Arbeitsplätze, des Arbeitsablaufs oder der Arbeitsumgebung vorgenommen wurden, die „den gesicherten arbeitswissenschaftlichen Erkenntnissen über die menschengerechte Gestaltung der Arbeit offensichtlich widersprechen". Außerdem muß der einzelne Arbeitnehmer durch die Gestaltung in besonderer Weise belastet sein. Ist dies der Fall, so kann der Betriebsrat angemessene Maßnahmen zur Abwendung, zur Milderung oder zum Ausgleich der Belastung verlangen. Als besondere Belastungen gelten „typisiert-negative Belastungen" (vgl. Fitting u.a. [Betriebsverfassungsgesetz] 1987, Rn. 2 zu § 91). Diese Belastungen müssen dauerhaft vorhanden sein und können in Umgebungseinflüssen (Lärm, Vibrationen etc.) oder besonderen Beanspruchungen (Taktbindung, Einseitigkeit, Zwangshaltung etc.) bestehen.

2. Anwendungsvoraussetzungen

Zunächst galt unser Interesse der Frage, wie die Betriebspartner die Anwendungsvoraussetzungen des § 91 BetrVG beurteilen. Die Frage dazu lautete: „Es wird teilweise gefordert, daß § 91 BetrVG auch bei bestehenden Arbeitsplätzen Geltung erhalten sollte. Halten Sie die Eingrenzung auf „geänderte Arbeitsplätze" für sinnvoll oder nicht für sinnvoll?". Die Skala der Beurteilungen reichte dabei von „absolut nicht sinnvoll" bis „sehr sinnvoll" (vgl. Abbildung 74).

Abbildung 74:
Beurteilung der Einschränkung des § 91 BetrVG auf bereits geänderte Arbeitsplätze

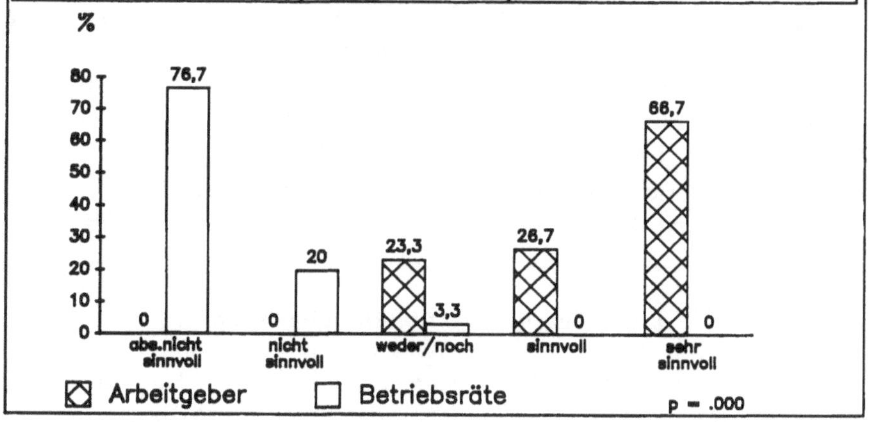

In den Antworten der beiden Seiten zeigte sich ein starker Gegensatz. Die Mittelwerte lagen für die Arbeitgeber bei 3,9 und für die Betriebsräte bei 1,3. Die Mehrheit der Arbeitgeber hält danach die Einschränkung des § 91 auf bereits geänderte Arbeitsplätze für sinnvoll, während die Betriebsräte diese Einschränkung ablehnen. Verständlicherweise fordern letztere ein echtes Mitbestimmungsrecht schon in der Planungsphase. Dies entspricht den bereits gewonnenen Erkenntnissen zu § 90, wo die Betriebsrät die Trennung der beiden Paragraphen als nachteilig ansahen und eine Verstärkung ihrer Rechtsposition als wünschenswert betrachteten.

3. Der Begriff der „besonderen Belastungen“

§ 91 greift nur, wenn der neugestaltete Arbeitsplatz besondere Belastungen für den Arbeitnehmer mit sich bringt. Unsere Frage an die Praktiker lautete dazu: „In welchen Bereichen kommt es nach Ihrer Erfahrung häufig zu 'besonderen Belastungen'?“.

Besondere Belastungen gehen nach Ansicht der Arbeitgeberseite insbesondere von Umgebungseinflüssen am Arbeitsplatz aus (Hitze, Lärm etc.), vom Termindruck an einzelnen Arbeitplätzen und bestimmten Technologien (Gießerei).

Zunächst fällt auf, daß die Betriebsräte wesentlich mehr Nennungen machen, als die Arbeitgebervertreter. Offenbar sind sie in höherem Maße für Belastungen der Arbeitnehmer vor Ort sensibilisiert. Das Antwortspektrum weist Ähnlichkeiten mit dem der Arbeitgeberseite auf. Die Gießerei oder Lackiererei wird ebenso als belastend empfunden wie Montagearbeiten. Als negative Außeneinflüsse gelten Zugluft, Lärm, Staub, Dämpfe und die Witterung sowie Arbeiten im Freien. Auch von neuen Technologien gehen offenbar besondere Belastungen aus. Diese finden sich bei Bildschirmarbeit, der Chip-Produktion oder beim Umgang mit Textverarbeitungsanlagen. Belastungen im Verwaltungsbereich resultieren insbesondere aus Termindruck, Umgebungseinflüssen (Lärm, Licht) und einseitigen Anforderungen (z. B. an die Augen).

Insgesamt läßt sich anhand der Antworten ein weites Feld für die Anwendung der korrigierenden Mitbestimmung im autonomen Arbeitschutz ablesen.

4. Der Begriff der „Abhilfemaßnahmen"

Im Bereich der korrigierenden Mitbestimmung sind drei Abhilfemaßnahmen vorgesehen: Die Abwendung, die Milderung und der Ausgleich. Die Abwendung zielt dabei auf eine Beseitigung der besonderen Belastungen. Diese kann z. B. in einem Umbau des Arbeitsplatzes liegen, in einer Verbesserung der ergonomischen Gestaltung, in dem Einsatz von Transport- und Hebemitteln oder in der Vermeidung von Zwangshaltungen. Die Praktiker wurden gebeten, die genannten Maßnahmen hinsichtlich ihrer Wichtigkeit zu beurteilen. Die 5er-Skala reichte von „absolut unwichtig" bis „sehr wichtig". Bei der Beurteilung der Maßnahme „Abwendungen" zeigte sich ein ganz eindeutiges Bild. Fast alle Befragten halten unabhängig von ihrer betrieblichen Position eine Abwendung besonderer Belastungen für sehr wichtig (vgl. Abbildung 75).

Abbildung 75:
Beurteilung der in § 91 vorgesehenen Maßnahme "Abwendung" nach deren Wichtigkeit

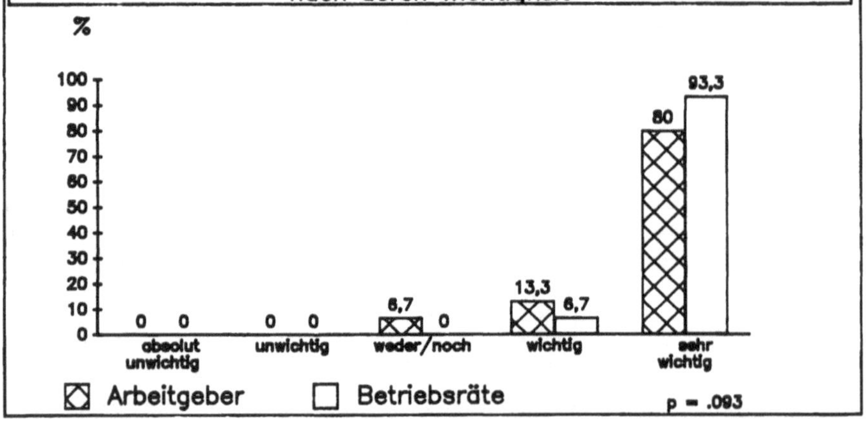

Die Mittelwerte lagen hier bei 4,7 für die Arbeitgeber und bei 4,9 für die Betriebsratsseite. Signifikante Meinungsunterschiede bestehen nicht.

Bei der Maßnahme „Milderung“ ergab sich ebenfalls ein eindeutiges Bild. Allerdings wurde diese Maßnahme mehrheitlich im Bereich von „wichtig“ eingestuft. Hier zeigt sich ein deutlicher Abstand zur Maßnahme „Abwendung“. Dies wird auch in den Mittelwerten deutlich, die mit 4,1 für die Arbeitgeberseite und 4,0 für die Betriebsratsseite ermittelt wurden (vgl. Abbildung 76).

Abbildung 76:
Beurteilung der in § 91 vorgesehenen Maßnahme "Milderung" nach deren Wichtigkeit

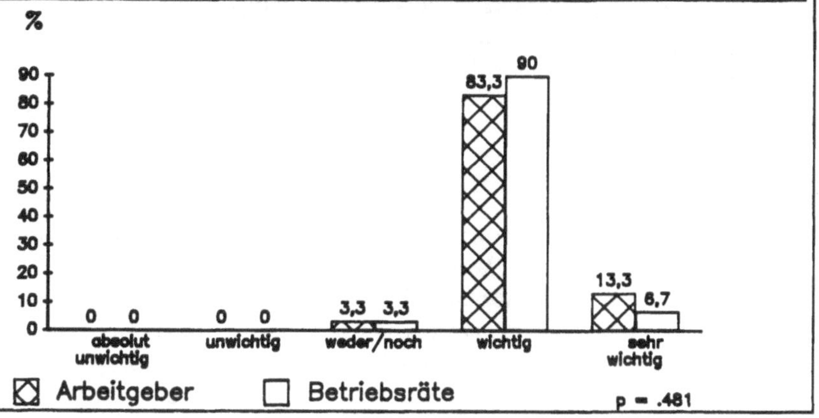

Noch deutlicher fiel das Ergebnis bei der Maßnahme „Ausgleich“ aus. Hier lagen die Mittelwerte übereinstimmend bei 2,8 für die Arbeitgeber- und die Betriebsratsseite. Obwohl die Optik der Verteilung Unterschiede in den Antworten beider Seiten vermuten läßt, weist die statistische Analyse keine signifikanten Abweichungen aus (p = .860). Eine Ergebnisdastellung bietet Abbildung 77.

Insgesamt hat sich eine deutliche Rangreihe herausgebildet. Vorrangig wäre nach Abwendung von besonderen Belastungen zu suchen, erst dann käme die Maßnahme einer Milderung in Betracht und, falls dies nicht möglich ist, wäre an einen finanziellen Ausgleich oder andere Arten des Ausgleichs zu denken.

Als Maßnahmen der Milderung kommen Erholzeiten in Betracht, Verkürzungen der Belastungen durch Ablösung, Arbeitswechsel, Mischarbeitsplätze etc. Als Ausgleichsmaßnahmen gelten Arbeitszeitverkürzungen, Erhöhung der Freizeit, Schutzeinrichtungen, aber auch finanzielle Ausgleichsmaßnahmen.

Abbildung 77:
Beurteilung der in § 91 vorgesehenen Maßnahme "Ausgleich" nach deren Wichtigkeit

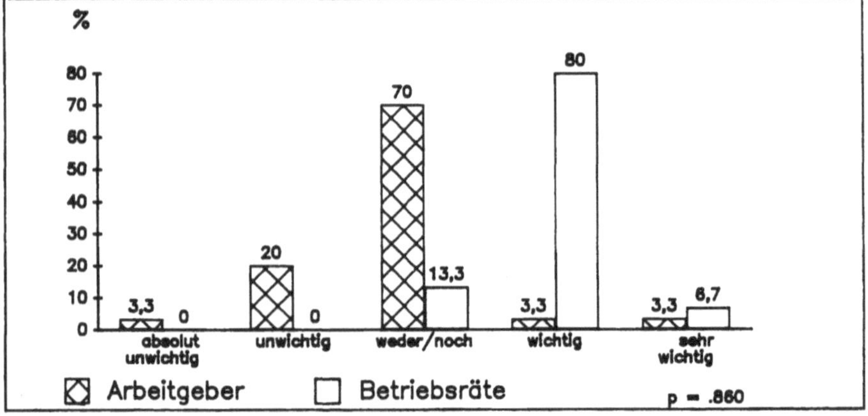

5. Ausgleichsinteressen der Arbeitnehmer

Abschließend interessierte uns noch, ob die Arbeitnehmer hinsichtlich der Beurteilung möglicher Ausgleichsmaßnahmen die gleiche Meinung vertreten wie Arbeitgeber und Betriebsräte. Natürlich konnte dies nicht direkt bei den Arbeitnehmern innerhalb der vorliegenden Studie ermittelt werden. Deshalb wurden die Arbeitgeber und Betriebsräte gefragt, wie sie die grundsätzliche Interessenlage der Arbeitnehmer einschätzen. Unterschieden wurde dabei nach gewerblichen Arbeitnehmern, kaufmännischen Arbeitnehmern und ausländischen Arbeitnehmern.

Wie die Darstellung leicht erkennen läßt, herrscht hier eine geteilte Einschätzung vor. Annähernd die Hälfte der befragten Arbeitgebervertreter und Betriebsräte halten die gewerblichen Arbeitnehmer für eher an humanitären Maßnahmen interessiert. Der Mittelwert liegt für die Arbeitgeber- und für die Betriebsratsseite bei 2,9. Die andere Hälfte sieht finanzielle Interessen dominieren. Signifikante Abweichungen in den Antworten bestehen nicht (vgl. Abbildung 78).

Hinsichtlich der kaufmännischen Mitarbeiter ergab sich ein ähnliches Bild. Die Mittelwerte von 2,6 für die Arbeitgeber und 2,7 für die Betriebsräte weisen jedoch einen kleinen Unterschied bei der Beurteilung der gewerblichen Arbeitnehmer aus. Auch hier ist die Meinung gespalten, aber tendenziell unterstellt man den kaufmännischen Mitarbeitern ein etwas höheres Interesse an einer humanen Arbeitsgestaltung (vgl. Abbildung 79).

Die Einschätzung der Interessenlage ausländischer Mitarbeiter gerät recht eindeutig. Die Mittelwerte lagen hier bei 3,9 für die Arbeitgeber und bei 3,5 für

Abbildung 78:
Einschätzung der grundsätzlichen Interessenlage der gewerblichen Mitarbeiter

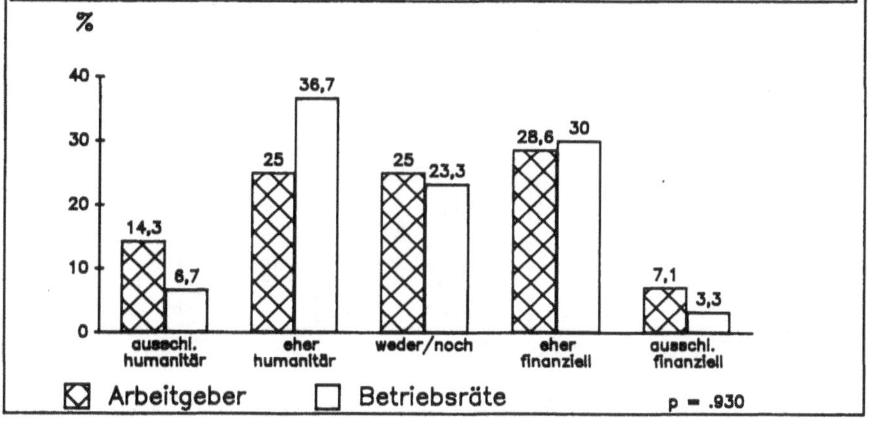

Abbildung 79:
Einschätzung der grundsätzlichen Interessenlage der kaufmännischen Mitarbeiter

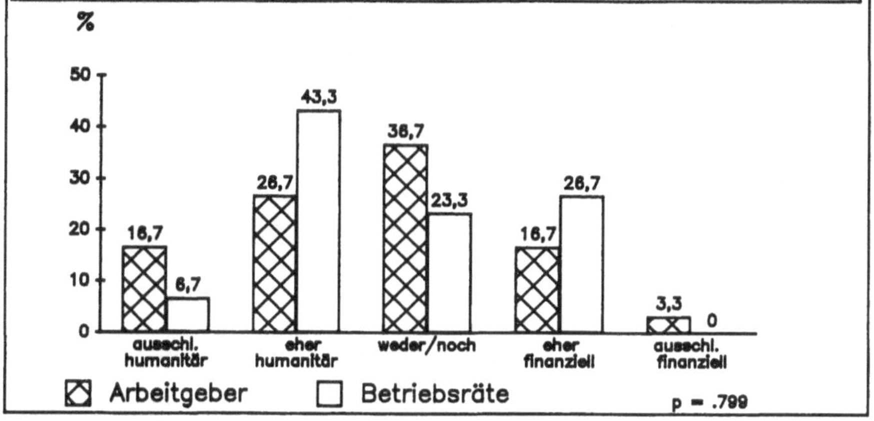

die Betriebsräte. Insgesamt wird den ausländischen Arbeitnehmern damit ein tendenziell großes finanzielles Interesse unterstellt. Begründet wird dies mit grundsätzlich anderen Einstellungen zur Arbeit und dem Wunsch, möglichst schnell viel Geld zu verdienen. Insbesondere die Arbeitgeberseite sieht dies so (vgl. Abbildung 80).

Insgesamt kann festgestellt werden, daß humanitäre und finanzielle Interessen offenbar nebeneinander bestehen.

Abbildung 80:
Einschätzung der grundsätzlichen Interessenlage der ausländischen Mitarbeiter

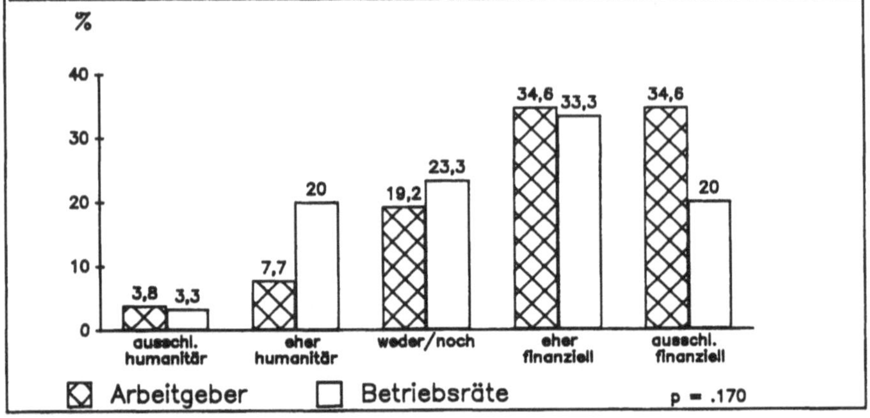

6. Zusammenfassung

Die Antworten zu § 90 BetrVG machten bereits deutlich, daß die Betriebsräte ihre Rechte im autonomen Arbeitsschutz als zu schwach ansehen. Demgemäß befürworten sie die Trennung in Information und Beratung sowie die korrigierende Mitbestimmung nicht. Sie wünschen eine stärkere Rechtsposition, wie sie z. B. durch die Integration des § 91 in den § 90 möglich wäre. Die Arbeitgeber nehmen hierzu eine ablehnende Haltung ein.

Letzlich greift der § 91 nur, wenn durch Arbeitsgestaltungsmaßnahmen besondere Belastungen auftreten. Die Frage, ob dies in der Praxis vorkommt, brachte eine Vielzahl noch belastender Lösungen und Faktoren zu Tage. Es bleibt offen, ob man bei einer Neuplanung dieser Arbeitsplätze noch Belastungsfaktoren zulassen sollte. Insofern besteht ein Altlastenproblem. Es zeigt sich aber, daß auch beim Einsatz neuer Technoloien besondere Belastungen entstehen können.

Bei den vorgesehenen Abhilfemaßnahmen besteht Einigkeit in der Rangbildung durch die Arbeitgeber und Betriebsräte. Zunächst ist nach Maßnahmen der Abwendung zu suchen, danach kommt eine Milderung in Betracht und als wirklich letzte Möglichkeit wird der Ausgleich angesehen.

Bei der Frage nach den Ausgleichsinteressen der Arbeitnehmer werden finanzielle und humanitäre Interessen relativ gleichgewichtig genannt. Dabei streben nach Ansicht der Befragten ausländische Arbeitnehmer eher nach finanziellen Ausgleichsmaßnahmen als gewerbliche und kaufmännische deutsche Arbeitnehmer. Dies kann Ausdruck geringeren materiellen Wohlstandes sein, aber auch unterschiedlicher Einstellungsmuster und Ziele.

F. Das Selbst- und Fremdbild der Betriebspartner

Die Partizipation der Betriebsräte an betrieblichen Entscheidungen dient nach der Generalnorm des Betriebsverfassungsgesetzes dem „Wohle von Betrieb und Arbeitnehmer“ unter dem Postulat „vertrauensvoller Zusammenarbeit“ (§ 2 BetrVG). Ob eine vertrauensvolle Zusammenarbeit in der Praxis die Regel ist, läßt sich nicht direkt ermitteln. In unserer Untersuchung wurde deshalb abschließend versucht, auf indirektem Wege festzustellen, von welchem Typus der Zusammenarbeit ausgegangen werden muß.

Unser Informationsinteresse wurde über eine gegenseitige Einschätzung der Befragten operationalisiert. Eine vertrauensvolle Zusammenarbeit bedingt letztlich die gegenseitige Achtung und eine faire Einstellung der Betriebspartner zueinander. Es wurde deshalb über eine vorgegebene Anzahl von Eigenschaftspaaren erhoben, wie sich Arbeitgeber und Betriebsräte selbst und gegenseitig ein-

Abbildung 81:
Gegenseitige Einschätzung der Eigenschaften von Betriebsrat und Arbeitgebervertretern

Frage: "Wie würden Sie die Eigenschaften der Arbeitgeberseite (bzw. der Betriebsratsseite) innerhalb der Eigenschaftspaare beurteilen? Denken Sie dabei an die Verhandlungen mit der jeweiligen Gegenseite."

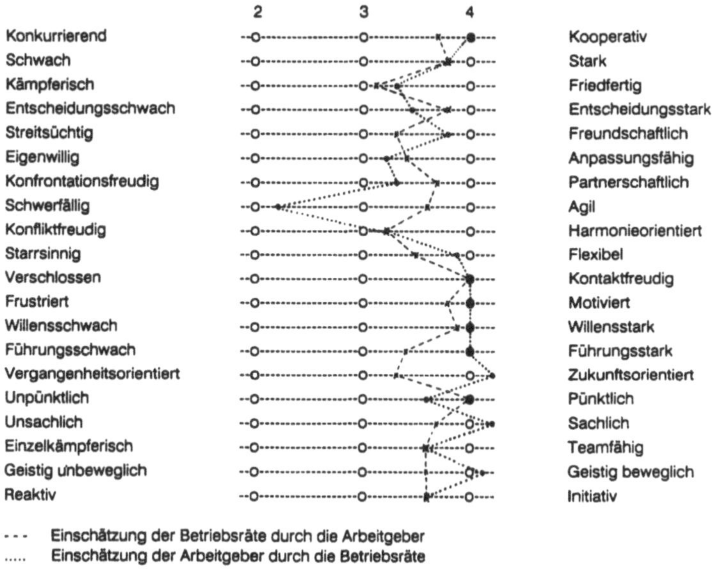

(Vorgabe einer Fünferskala. Die Darstellung gibt die Mittelwerte im Bereich von 1,9 bis 4,2 wieder.)

schätzen. Die spannende Frage war dabei, wie vertrauensbekundende oder mißtrauensandeutende Attribute von den Befragten beurteilt werden (siehe Abbildung 81).

Die Darstellung der Mittelwerte zeigt, daß die Arbeitgeberseite von den Betriebsräten durchweg positiv beurteilt wird. Alleiniger Kritikpunkt scheint eine gewisse Schwerfälligkeit zu sein. Dies deutet darauf hin, daß Betriebsräte die Entscheidungsprozesse im Unternehmen als zu formal und langwierig ansehen. Es könnte aber auch ein Indiz dafür sein, daß die organisatorische Einbindung der Betriebsratsaktivitäten in die betrieblichen Entscheidungsprozesse noch keinen wünschenswerten Stand erreicht hat. Dies entspricht den schon präsentierten Ergebnissen. In dieser Einschätzung drückt sich wiederum aus, daß sich die Betriebsräte für tendenziell zu spät informiert halten.

Auch die Einschätzung der Betriebsräte durch die Arbeitgeberseite muß als durchweg positiv gewertet werden. Allenfalls die nicht ganz so „friedfertige" Haltung und eine etwas „vergangenheitsbezogene" Einstellung wird den Betriebsräten negativ angelastet.

Betrachtet man die Ergebnisse dieser Studie insgesamt, so scheint einer vertrauensvollen Zusammenarbeit von den gegenseitigen Grundhaltungen her gesehen nichts im Wege zu stehen.

3. Teil: Schlußfolgerungen und Empfehlungen

A. Für die Praxis der Arbeitshumanisierung

Bei der Formulierung von Konsequenzen für die Praxis ist zunächst unsere normative Position darzustellen. Wir gehen bei der Bewertung der Ergebnisse von dem Harmoniemodell aus, das der Gesetzgeber den betriebsverfassungsrechtlichen Regelungen zugrunde legt. Die Betriebsratsarbeit ist danach nicht klassenkämpferisch angelegt oder auf eine „Systemüberwindung" angelegt, sondern soll die berechtigten Interssen der Arbeitnehmer gegenüber der Geschäftsleitung in die Entscheidungsprozesse einbringen.

In Hinblick auf den autonomen Arbeitsschutz hat sich gezeigt, daß das Selbstverständnis der befragten Betriebsräte und die Vorstellungen der Arbeitgebervertreter durchweg diesem Verständnis entsprechen. Und auch hinsichtlich der Einschätzung von Zielen der Arbeitsgestaltung, der grundsätzlichen Notwendigkeit einer Humanisierung der Arbeit und der Wichtigkeit einzelner Gestaltungselemente herrscht tendenziell Einigkeit.

Die Unterschiede ergeben sich hauptsächlich aus inhaltlich und formal unterschiedlichen Auslegungen der Gesetzesnorm. Soweit hier Probleme durch eine Umformulierung gelöst werden könnten, soll dies in den nachfolgenden Empfehlungen für den Gesetzgeber dargestellt werden.

Zunächst ist zu fragen, ob die Auslegungsunterschiede überhaupt zu nicht gesetzeskonformen Lösungen in der Praxis führen können. Dies ist zwar nicht grundsätzlich auszuschließen. Andererseits entsteht aber gerade durch das Aufeinandertreffen unterschiedlicher Meinungen, Einstellungen und Interessen ein kreatives Milieu, das zu neuen Lösungen der Arbeitsgestaltung führen kann.

Die inhaltlichen Interpretationsunterschiede lassen sich nach unseren Untersuchungsbefunden mit unterschiedlichen Denkstrukturen begründen. Die Arbeitgeberseite sieht zunächst die ökonomische Seite aller Entscheidungen. Die Betriebsräte denken in erster Linie an die psycho-soziale Komponente. Die Schnittflächen zwischen Ökonomie und Humanität werden mangels wissenschaftlicher Erkenntnisse und fehlender Bewertungs-, Zurechnungs- oder Quantifizierungsmethoden oft nicht in dem vorhandenen Maße deutlich. Ein anderer Grund für Auffassungsunterschiede könnte darin liegen, daß Partizipationsprozesse den Machtkalkülen im Unternehmen unterworfen sind. Beteiligt man eine andere Person an Entscheidungen, so mindert das zwangsläufig die eigene Entscheidungsmacht.

Im Interesse einer Annäherung der Betriebspartner lassen sich die folgenden Empfehlungen aussprechen:

1. In einem ersten Schritt sollte man sich auf inhaltliche Interpretationen des autonomen Arbeitsschutzes einigen, die von beiden Seiten akzeptiert werden.

Insbesondere wäre gemeinsam festzulegen,

— welche Gegenstandsbereiche unter die Mitwirkungspflicht des Betriebsrats fallen,

— wie der Begriff der Menschengerechtigkeit zu interpretieren ist und

— welche Erkenntnisse zur Arbeitsgestaltung bei den Überlegungen herangezogen werden.

2. In formaler Hinsicht sollten die folgenden Fragen betriebsintern und übereinstimmend geregelt werden:

— Welche Informationszeitpunkte werden gewählt?

— Welche Form der Information ist angemessen?

Diese Punkte könnten in einer von beiden Seiten bekräftigten Absichtserkärung (bzw. Betriebsvereinbarung) festgehalten werden. Dort wären z. B. standardisierte und akzeptierte Vorgehensweisen (z. B. einzusetzende Formulare, Verteiler), Entscheidungskompetenzen (Ausschüsse, einzelverantwortliche Betriebsräte bzw. Arbeitgebervertreter), Informations- und Beratungszeitpunkte sowie die Geschäftsordung in den Beratungen festzulegen.

B. Für den Gesetzgeber

Bei der Formulierung der Schlußfolgerungen für den Gesetzgeber soll an den Vorschlag von Gerum angeknüpft werden (vgl. Gerum [Arbeitsgestaltungspolitik] 1981, insbesondere 229-233). Aufgrund einer theoretischen Analyse kommt dieser zu dem Ergebnis, daß die §§ 90, 91 BetrVG zu präzisieren seien. Insbesondere die Problemformel „gesicherte arbeitswissenschaftliche Erkenntnisse" und der Einwirkungsmodus in Form einer prozeßorientierten Einwirkung der Betriebsräte erscheint Gerum verbesserungswürdig. Sein Änderungvorschlag lautet (die von Gerum neu eingefügten Formulierungen sind kursiv gesetzt):

„§ 90 UNTERRICHTUNGS- und BERATUNGSRECHTE

I. (1) Der Arbeitgeber hat den Betriebsrat über *Planungsvorhaben*

1. zu Neu-, Um- und Erweiterungsbauten von Fabrikations-, Verwaltungs- und sonstigen betrieblichen Räumen,

2. zu technischen Anlagen,

3. zu Arbeitsverfahren und Arbeitsabläufen oder

4. den Arbeitsplätzen

und die Ergebnisse der Planungen unter Beifügung einer Begründung zu unterrichten.

(2) Die vorgesehenen Maßnahmen sind mit dem Betriebsrat insbesondere im Hinblick auf ihre Auswirkungen auf die Art der Arbeit und die Anforderungen an die Arbeitnehmer zu beraten.

(3) Arbeitgeber und Betriebsrat sollen *jeweils bei Planung und Beratung* die gesicherten *auf Arbeit beziehbaren wissenschaftlichen Erkenntnisse* über die menschengerechte Gestaltung der Arbeit berücksichtigen.

II. (1) *Menschengerechte Arbeitsverhältnisse sind insbesondere dann gegeben, wenn berücksichtigt sind*

1. die ergonomischen Belange der Arbeitnehmer,

2. die psycho-sozialen Interessen der Arbeitnehmer und

3. das Interesse an Selbstverwirklichung in der Arbeit.

(2) *Um Selbstverwirklichung zu ermöglichen, muß die jeweilige Arbeitsaufgabe*

a) Entscheidungs- und Kontrollspielräume umfassen,

b) ausreichend vielfältig sein und

c) ihr ganzheitlicher Charakter gewahrt bleiben.

(3) *Die Gesichertheit der auf Arbeit beziehbaren wissenschaftlichen Erkenntnisse über die menschengerechte Gestaltung der Arbeit bemißt sich nach den den jeweiligen Wissensgebieten angemessenen Standards.*

III. *Der Arbeitgeber hat auf Verlangen des Betriebsrats diesen über die nach Absatz I vorgegebenen Maßnahmen bereits in der Planungsphase zu unterrichten und mit ihm zu beraten.*

§ 91 MITBESTIMMUNGSRECHT

(1) *Widerspricht nach Ansicht des Betriebsrats die durchgeführte Änderung der Arbeitsplätze, des Arbeitsablaufs oder Arbeitsumgebung von ihren Wirkungen her den gesicherten auf Arbeit beziehbaren Erkenntnissen über die menschengerechte Gestaltung der Arbeit,* so kann er angemessene *(wirtschaftlich vertretbare und technisch mögliche)* Maßnahmen zur Abwendung, Milderung oder zum Ausgleich der Belastungen der Arbeitnehmer verlangen.

(2) *Die Beweislast hinsichtlich des vom Betriebsrat behaupteten Widerspruchs wie der Angemessenheit der Abhilfemaßnahmen trägt der Arbeitgeber.*

(3) Kommt eine Einigung nicht zustande, so entscheidet die Einigungsstelle.

(4) Der Spruch der Einigungsstelle ersetzt die Einigung zwischen Arbeitgeber und Betriebsrat."

Die von Gerum vorgeschlagene Änderung des Eingangssatzes in § 90 zielt auf eine ergebnisorientierte Beteiliung des Betriebsrats mit einer fallweisen Möglichkeit, auf den Entscheidungsprozeß einzuwirken. Nach unseren Erkenntnissen zur praktischen Interpretation des Planungsbegriffs reicht dieser aus, um dem Betriebsrat eine Information im Vorfeld der Entscheidungen zu geben. Der Begriff „Ergebnisse der Planung" könnte hier eine Einschränkung der Informationsaktivitäten bewirken, da am Ende der Planung oft schon die Entscheidung vorliegt. Für den Betriebsrat ist es wichtig, frühzeitig in den Planungsprozeß einbezogen zu werden. Sicherlich muß der Betriebsrat nicht über alle Ideen, die von Mitgliedern der Geschäftsleitung oder der Führungsmannschaft hervorgebracht werden, informiert sein. Wichtig ist für ihn die rechtzeitige Information über Vorhaben, die in die Planung eingehen und die bei einer Verwirklichung Auswirkungen auf die Arbeitsgestaltung haben. Umfangreiche Maßnahmen mit gravierenden Auswirkungen beanspruchen lange Planungszeiträume. Kleinere Einzelmaßnahmen können dagegen oft ad hoc entschieden werden. Die Information des Betriebsrats muß jeweils rechtzeitig erfolgen. Bei gravierenden Maßnahmen könnte er planungsbegleitend einbezogen werden; bei Einzelmaßnahmen würde oft eine kurze telefonische Abstimmung zwischen Arbeitgeber und Betriebsrat ausreichen. Für den Betriebsrat ist es wichtig, daß er insgesamt genügend Zeit hat, das Planungsvorhaben zu beurteilen und eine Entscheidung in seinem Gremium herbeizuführen. Da unsere Untersuchung hier Defizite gezeigt hat und diese offenbar meist bei größeren Veränderungen auftraten, sollte die Rechtzeitigkeit der Information dahingehend präzisiert werden, daß dem Betriebsrat eine angemessene Zeit zur Meinungsbildung und Entscheidungsfindung gewährt werden muß.

Gerums Formulierung „unter Beifügung einer Begründung" ist dagegen nach unserer Auffassung entbehrlich. Den Betriebsräten werden in aller Regel die beurteilungsnotwendigen Unterlagen zur Verfügung gestellt. Die Forderung nach einer generellen Begründungspflicht für unternehmerische Entscheidungen könnte zudem als Eingriff in die Eigentums- und Direktionsrechte der Unternehmenseigner gewertet werden.

Daß das Ziel einer humanen Arbeitgestaltung im Planungs- wie im Beratungsprozeß angestrebt werden sollte, ergibt sich aus der übergreifenden Zielsetzung des autonomen Arbeitsschutzes und muß im Gesetzestext nicht wiederholt werden.

Der Vorschlag Gerums, sich auf die „auf Arbeit beziehbaren wissenschaftlichen Erkenntnisse" zu berufen, ist dagegen zu begrüßen. Die Einschränkung auf die „Arbeitswissenschaft" würde damit aufgehoben. Es entspricht der Praxis, daß nicht bei jedem Planungsvorhaben recherchiert wird, wie der aktuelle Stand der Arbeitswissenschaft das Problemfeld bewertet. Vielmehr wird eher auf das bei den betrieblichen Fachleuten, dem Betriebsrat oder dem einzelnen Arbeitnehmer vorhandene Praktikerwissen abzustellen sein. Die Formulierung wäre in diesem Sinne zu erweitern.

Zu diskutieren ist dagegen der Anspruch auf „Gesichertheit" der Erkenntnisse. Die Formulierung, daß sich die Gesichertheit an den in den jeweiligen Wissensgebieten „angemessenen Standards" zu orientieren hätte, ist nicht unproblematisch. Würde damit eine Anspruchsgrundlage für die menschengerechte Arbeitsgestaltung geschaffen, so wäre die Formulierung sicher zu begrüßen. Andererseits kann der Begriff aber auch zu einer Einschränkung der Humanisierungsbemühungen führen. Es ließe sich leicht behaupten, daß „angemessene Standards" noch nicht vorliegen bzw. nicht bekannt seien. Dies würde die Beweislast zum Betriebsrat verschieben. Aber auch die explizite Forderung, daß der Arbeitgeber die Beweislast trage, würde das Problem nicht lösen. Er ist — ebenso wie der Betriebsrat — nicht in der Lage, ständig einen umfassenden Überblick über den aktuellen wissenschaftlichen Standard zu haben. Dem von Gerum befürchteten „Methodenimperialismus" wird damit gerade nicht vorgebeugt.

Wie unsere Untersuchung zeigt, bestehen in der Praxis sehr große Unsicherheiten hinsichtlich zu berücksichtigender Erkenntnisse. Vorhandene Erkenntnisse bestehen oft als Praktikerwissen, und die Frage einer wissenschaftlichen Gesichertheit stellt sich in einer Vielzahl von Fällen nicht. Der Begriff greift zudem nicht als Anspruchsgrundlage — z. B. in einer rechtlichen Auseinandersetzung —, da der § 90 BetrVG ausschließlich ein Mitwirkungsrecht vorsieht. In der Praxis werden als letztlich gesichert methodisch-statistisch nachvollziehbare Erkenntnisse angesehen. Als praktisch anzuwendende Erkenntnisse gelten dagegen die Vorgaben in Gesetzen, Verordungen und Normen, obwohl man deren „Gesichertheit" teilweise bezweifelt. Will man zudem subjektiven Elementen der Arbeitszufriedenheit bei der Arbeitsgestaltung Rechnung tragen, so wäre vermehrt auf die psycho-sozialen Bedürfnisse der Betroffenen im Unternehmen abzustellen. Dies würde letztlich bedeuten, daß der Gesichertheitsbegriff entfallen könnte.

Die Menschengerechtigkeit wird in dem Änderungsvorschlag Gerums in einer Legaldefinition präzisiert. Menschengerecht sind danach Arbeitsplätze, die die „ergonomischen Belange", „psycho-sozialen Interessen" und das „Interesse an Selbstverwirklichung" der Arbeitnehmer berücksichtigen. Die Berücksichtigung physiologischer, psychologischer und sozialer Elemente bei der Arbeitsgestaltung ist als elementarer Bestandteil einer Humanisierung der Arbeit anzusehen. Sie bildet zudem die Ausgangsüberlegung in der Diskussion um die neuen Formen der Arbeitsorganisation. Die Forderung nach „Selbstverwirklichung" ist dagegen nicht unproblematisch. Es handelt sich bei diesem Begriff ebenso wie beim Begriff der „Menschengerechtigkeit" zunächst um eine Leerformel, die inhaltlich zu präzisieren ist (vgl. Kreikebaum / Herbert [Humanisierung] 1988, 48). Gerum hat dieses Problem gesehen und deshalb den Begriff Selbstverwirklichung entsprechend präzisiert. Die Arbeitsaufgabe muß demnach „Entscheidungs- und Kontrollspielräume" bieten, „vielfältig" sein und einen „ganzheitlichen Charakter" aufweisen. Auch diese Anforderungen an die Arbeitsgestaltung sind aus der Humanisierungsdiskussion bekannt und finden sich in den neuen Formen der Arbeitsorganisation verwirklicht. Trotzdem erscheint es problematisch, diese Anforderungen zu generalisieren. Wichtig ist vielmehr, daß sich die Arbeitsaufgabe an dem Qualifikations- und Leistungsspektrum des einzelnen Menschen orientiert. Über- wie Unterforderungen in physiologischer, psychologischer und sozialer Hinsicht sollten vermieden werden.

Die von Gerum vorgeschlagenen Formulierungen zu § 91 lösen nicht alle Probleme. Die Beweislastumkehr ist aus der Sicht vorhandener Ressourcen zu begrüßen. Sie wird aber zum einen durch die Formulierung „wirtschaftlich vertretbar und technisch möglich" relativiert. Einem ökonomischen und technologischen Determinismus wäre hier Tür und Tor geöffnet. Zum anderen erscheint die Notwendigkeit dieser Änderung fraglich. Gerade der § 91 ist mit der „Drohung" ausgestattet, notfalls über ein Einigungsstellenverfahren die gewählten Arbeitsgestaltungsmaßnahmen überprüfen zu lassen. Nach unserer Erfahrung reicht dies aus, um den Arbeitgeber zu veranlassen, dem Betriebsrat die gewählte Lösung plausibel zu machen und Entscheidungen zu begründen. Einigungsstellenverfahren belasten die Beziehungen zum Betriebsrat, sind aufwendig und führen überwiegend zu arbeitnehmerorientierten Entscheidungen.

Daß in dem Vorschlag der Begriff des „offensichtlichen" Widerspruchs entfällt, ist dagegen zu begrüßen. Die Interpretation von Arbeitgebern wie Betriebräten zeigt, daß man hier ohnehin auf den praktischen Sachverstand abhebt.

Aus diesen Überlegungen heraus und unter Berücksichtigung der Ergebnisse unserer Untersuchung lautet unsere Formulierungsempfehlung für eine mögliche Novellierung der §§ 90, 91 BetrVG (die Änderungsvorschläge sind kursiv gedruckt):

§ 90 Autonomer Arbeitsschutz

1. Der Arbeitgeber hat den Betriebsrat über die Planung *aller Maßnahmen zu unterrichten, die Auswirkungen auf die Gestaltung der Arbeit (Arbeitsorganisation und Arbeitszeitregelungen) haben.*

2. *Der Informationszeitpunkt muß dem Betriebrat eine dem Planungsgegenstand angemessene Zeit zur Meinungsfindung lassen. Dem Betriebsrat sind notwendige Entscheidungsunterlagen zugänglich zu machen.*

3. *Die geplanten Maßnahmen sind mit dem Betriebsrat insbesondere im Hinblick auf ihre physiologischen, psychologischen und sozialen Auswirkungen auf den Menschen zu beraten.*

4. Arbeitgeber und Betriebsrat sollen *bei der Planung und Beratung die auf die Arbeit beziehbaren wissenschaftlichen Erkenntnisse und praktischen Erfahrungen* über die menschengerechte Gestaltung der Arbeit berücksichtigen.

5. Werden die Arbeitnehmer durch Änderungen *in der Arbeitsgestaltung (Arbeitsorganisation und Arbeitszeitregelungen)* in besonderer Weise belastet, so kann der Betriebsrat angemessene Maßnahmen zur Abwendung, Milderung oder zum Ausgleich der Belastung verlangen.
6. Kommt eine Einigung nicht zustande, so entscheidet die Einigungstelle. Der Spruch der Einigungsstelle ersetzt die Einigung zwischen Arbeitgeber und Betriebsrat.

Wir begründen unseren Änderungsvorschlag wie folgt:

Grundsätzlich erscheint es aus der Zielsetzung einer menschengerechten Arbeitsgestaltung heraus sinnvoll, die §§ 90 und 91 zum „Autonomen Arbeitsschutz“ zusammenzufassen. Dadurch werden zwar alle Elemente des Paragraphen einer Überprüfung im Einigungsstellenverfahren zugänglich. Dies könnte jedoch aus zwei Gründen für Arbeitgeber wie Betriebsrat vorteilhaft zu sein. Zum einen verpflichtet es beide Seiten zu konsequenteren Überlegungen bereits in der Vorphase von Arbeitsgestaltungsmaßnahmen. Zum anderen können nachträgliche — aufwendige — Korrekturen vermieden werden.

In Abs. 1 werden die einzelnen Gegenstandsbereiche des autonomen Arbeitsschutzes nicht mehr aufgeführt. Die empirischen Befunde zeigen, daß in der Praxis ohnehin eine breite Auslegung des Anwendungsspektrums des autonomen Arbeitsschutzes vorherrscht. Aufgenommen wurde dagegen eine inhaltliche Präzisierung des Arbeitsgestaltungsbegriffs über die Elemente Arbeitsorganisation und Arbeitszeitregelung. Die humanitäre Seite der Arbeitsgestaltung wird heute zunehmend von Arbeitszeitregelungen beeinflußt. Deshalb sollte dieser Aspekt mit berücksichtigt werden.

In Abs. 2 wird die Forderung nach einer rechtzeitigen und umfassenden Unterrichtung präzisiert.

In Abs. 3 sind die schwer zu definierenden Begriffe „Art der Arbeit“ und „Anforderungen an die Arbeitnehmer“ durch die Faktoren ersetzt, die direkt auf die Humanität der Arbeit einwirken.

In Abs. 4 sind die praktischen Erfahrungen als Maßstab einer humanen Arbeit mit aufgenommen. Dies entspricht den in unserer Untersuchung gewonnenen Erkenntissen, daß gerade solche Arbeitsgestaltungsformen als gesichert gelten, die bereits in der Praxis bekannt sind oder aus der praktischen Arbeit heraus als human angesehen werden.

In Abs. 5 werden einerseits die Arbeitsorganisation und andererseits die Arbeitszeitregelungen einer Überprüfung hinsichtlich ihrer Wirkung auf den Arbeitnehmer zugänglich gemacht (korrigierende Mitbestimmung).

Abs. 6 bezieht sich auf den gesamten autonomen Arbeitsschutz.

Damit werden sowohl knappere als auch inhaltlich weitergehende Formulierungen vorgeschlagen, die im Lichte unserer Untersuchung zu einer Präzisierung der Gesetzgebungsnorm beitragen. Die bewährten Elemente des autonomen Arbeitsschutzes werden beibehalten, und der Charakter einer Generalnorm geht ebenfalls nicht verloren. Die empfohlenen Formulierungen soll weitere Gestaltungschancen einer Humanisierung der Arbeit eröffnen.

Letztlich knüpft die Arbeitsgestaltung an das Wissen um Gestaltungschancen und deren Wirkungen an. Der Erkenntnisstand über arbeitsrelevante Fragen wird deshalb die wichtigste Quelle einer Veränderung bestehender Situationen sein. Es hat sich gezeigt, daß hier ein Rückgriff auf die Arbeitswissenschaft nur in seltenen Fällen möglich ist. Von gravierenderer Bedeutung ist der Kenntnisstand bei denen, die vor der konkreten Gestaltungsaufgabe stehen. Dies unterstreicht die Bedeutung eines Transfers wissenschaftlicher Erkenntnisse in die Praxis.

C. Für Forschung und Lehre

Die Ergebnisse unserer Untersuchung für Forschung und Lehre sollen anhand der zugrundeliegenden Hypothesen dargestellt werden. Die Hypothesen werden zu diesem Zweck mit den Befunden verglichen.

Hypothese H1:

Wenn Rechtsbegriffe offen formuliert sind, lassen sie erhebliche Interpretationsspielräume für die Betriebspartner zu.

Diese Hypothese hat sich voll bestätigt. Es bestehen nicht nur gravierende Interpretationsunterschiede, sondern zusätzlich erhebliche Auslegungsprobleme.

Hypothese H2:

Wenn der Gesetzgeber den beteiligten Betriebsparteien Gestaltungsfreiräume der Interpretation einräumt, führen diese über tendenziell gleichlautende Bewertungen in Grundsatzfragen der Humanisierung hinaus zu interessengeleiteten Beurteilungsdifferenzen in Einzelfragen.

Die Ergebnisse zeigen, daß auch diese Hypothese voll zutrifft. Auf der Zielebene finden sich übereinstimmende Haltungen. Niemand im Unternehmen möchte inhumane Arbeitsplätze schaffen. Unterschiede in den Auffassungen bestehen dort, wo es um die Stärke des Einflusses auf unternehmerische Entscheidungen geht. Die Einflußstärke leitet sich dabei oft aus mittelbaren Faktoren her (Rechtzeitigkeit, Informationsumfang, arbeitswissenschaftlicher Erkenntnisstand etc.).

Hypothese H3:

Wenn unterschiedliche Interpretationen des Gestaltungsfreiraums der §§ 90, 91 BetrVG erfolgen, sind die Informations- und Beratungsaktivitäten vor allem durch die verschiedenen Gegenstandsbereiche des Gesetzes bestimmt.

Diese Hypothese hat sich nicht bestätigt. Zwar ist die formale Ausgestaltung der Informationsaktivitäten vom Sachproblem abhängig. Inhaltlich werden jedoch alle Maßnahmen, die die Arbeitsgestaltung beeinflussen, als gleichgewichtig angesehen.

Hypothese H4:

Wenn Fragen der humanen Arbeitsgestaltung in anderen Zusammenhängen bzw. Gremien nur unzureichend diskutiert werden, entsteht in den Fällen der §§ 90, 91 BetrVG ein besonderer Bedarf an Informationen über komplexe Arbeitsgestaltungsmaßnahmen seitens der Betriebsräte.

Diese Hypothese hat sich nur teilweise bestätigt. Betriebsräte sehen alle Organe der Mitbestimmung als wichtige Teilbereiche einer Entscheidungsbeeinflussung der Unternehmensseite an. Es bestätigte sich jedoch, daß in den Beratungen oftmals wirtschaftliche, technologische und organisatorische Fragen im Vordergrund stehen. Der autonome Arbeitsschutz wird dadurch besonders wichtig. Hierdurch kann der erhöhte Diskussions- und Abstimmungsbedarf der Betriebsräte befriedigt werden.

Hypothese H5:

Wenn die in den §§ 90, 91 BetrVG genannten Informations- und Beratungsaktivitäten zu einer wachsenden Professionalisierung der Betriebsratstätigkeit führen, läßt diese Tendenz Motivationsverluste und Unzufriedenheit bei den vertretenen Arbeitnehmern entstehen.

Hierzu können nur mittelbar Ergebnisse herangezogen werden. Die zunehmende Professionalisierung der Betriebsratsarbeit hat sich in unserer Untersuchung bestätigt. Sie scheint jedoch eine notwendige Antwort auf die komplexer werdenden Zusammenhänge im Unternehmen zu sein, andererseits aber tatsächlich zu einer tendenziellen Distanzierung der Betriebsräte zur Arbeitnehmerschaft zu führen.

Hypothese H6:

Wenn Abweichungen zwischen der gewünschten und der realen Auslegung einzelner unbestimmter Rechtsbegriffe bestehen, deuten sie auf konkrete Gestaltungsprobleme der Praxis hin.

Diese Hypothese wurde voll bestätigt. Zwischen Wunsch und Wirklichkeit wurden sowohl Übereinstimmungen wie Abweichungen gefunden. Teils stimmen beide Seiten in beiden Beurteilungen überein, teils stimmt jeweils eine Seite in der Einschätzung von Wunsch und Wirklichkeit überein, und teilweise liegen gemischte Wertungen vor. Diskrepanzen in der Einschätzung deuten auf einen konkreten Handlungsbedarf in der Praxis hin.

Mit der Überprüfung unserer Hypothesen wird ein weiterer Erkenntnisfortschritt der Forschung zur Betriebsverfassung deutlich, der vielfältige Anregungen für die weitere Forschungsarbeit auf dem Humanisierungsgebiet gibt.

Schlußbemerkung

Betrachtet man die Ergebnisse dieser Studie insgesamt, so scheint einer vertrauensvollen Zusammenarbeit zwischen Arbeitgeber und Betriebsrat bei Fragen des autonomen Arbeitsschutzes im Prinzip nichts im Wege zu stehen. Die Probleme stecken aber — wie so oft — im Detail. Wie zu vermuten war, führen die vom Gesetzgeber kodifizierten unbestimmten Rechtsbegriffe zu erheblichen Auslegungsproblemen. Dabei zeigten sich sowohl Gemeinsamkeiten wie auch gravierende Unterschiede.

Gemeinsamkeiten bestehen zumeist auf der Ziel-Ebene. So sind sich Arbeitgeber und Betriebsräte darin einig, daß die Arbeitsgestaltung heute an humanitären Kriterien ausgerichtet werden muß. Nur so wird es für möglich gehalten, die im Menschen verankerten Anlagen und Leistungspotentiale zu entfalten. Kaum einer der Befragten konnte jedoch konkret beschreiben, was eine „menschengerechte Arbeit" ist. Die Praxis ist hier durch das gleiche Dilemma gekennzeichnet, das sich auch in der wissenschaftlichen Diskussion findet.

Eine zusammenfassende Beurteilung der Ergebnisse zeigt, daß die Betriebsräte im Prinzip zu einer weiten Auslegung des Gesetzesrahmens neigen und die Arbeitgeberseite eher Zurückhaltung zeigt. Andererseits deutet sich in unserer Untersuchung an, daß Betriebsräte teilweise nicht in dem Maße als Ideenlieferanten, Partner oder Katalysatoren der Arbeitnehmerinteressen betrachtet werden, wie es das Betriebsverfassungsgesetz im Sinne einer Sozialpartnerschaft vorsieht. Diese Diskrepanz ist möglicherweise aus der Tatsache zu begründen, daß sich auf der Betriebsratsseite tendenziell hierarchische Strukturen herausbilden und eine gewisse Bürokratisierung vor den Arbeitnehmervertretern nicht haltmacht. Die Gründe dafür könnten in der historischen Entwicklung der Partizipationsaktivitäten im einzelnen Unternehmen liegen. Zusätzlich können Meinungen einzelner Arbeitgeber eine Rolle spielen, die die Betriebsverfassung nicht als Chance, sondern als Hemmschuh unternehmerischer Entwicklungen begreifen.

Insbesondere in Großbetrieben wird eine gewisse Professionalisierung der Betriebsratsarbeit erkennbar. Diese Entwicklung führt u.U. zu einer Art „Doppelmanagement" bei der Bewältigung der im Betriebsverfassungsgesetz genannten Humanisierungsmaßnahmen. Die Einbeziehung einer weiteren „Instanz" in die Entscheidungsprozesse sollte natürlich nicht dazu führen, notwendige Entscheidungen im Sinne eines effizienten und effektiven Wirtschaftens zu behindern.

Für die Arbeitgeberseite wird es darauf ankommen, die Informations- und Beratungsaktivitäten so zu gestalten, daß die im Betriebsrat und der Arbeitnehmerschaft angelegten Potentiale ebenso genutzt werden, wie die des Managements.

Für die Betriebsräte erscheint es dienlich, Verantwortung durch sachliche Mitwirkung bei den schwierigen Aufgaben der Arbeitsgestaltung zu übernehmen und das betriebliche Umfeld nicht außer acht zu lassen.

Für den Gesetzgeber kann als Ergebnis festgehalten werden, daß bei einer möglichen Novellierung die bewährten Elemente des autonomen Arbeitsschutzes erhalten werden sollten und eine weitere Präzisierung im dargestellten Sinne einer am Menschen orientierten Arbeitsgestaltung dienlich wäre. Die Forschung im Bereich der menschlichen Arbeit ist weiter voranzutreiben, aber es sollte noch mehr für den Transfer der Erkenntnisse zu den Betroffenen getan werden.

Den geschulten Juristen werden sicherlich einige bemerkenswerte Interpretationen der ihm geläufigen Formulierungen verblüffen.

Insgesamt gesehen zeigt sich, daß Untersuchungen zur konkreten Wirkung von gesetzlichen Normen auf unternehmerische Entscheidungen einen fruchtbaren Forschungsansatz darstellen. Untersuchungen an der Schnittstelle zwischen Theorie und Praxis werfen nicht nur interessante Fragen auf, sondern führen auch zu teilweise überraschenden Erkenntnissen.

Es ist zu wünschen, daß die Mitwirkungsaktivitäten im autonomen Arbeitsschutz zu einer Arbeitsgestaltung führen, die dem Wohle der Mitarbeiter und des Betriebes dient. Diese schwierige Aufgabe kann nur in einer spannungsvollen Kooperation von Arbeitgebern und Betriebsräten gemeinsam bewältigt werden.

Anhang

Hinweise zum Anhang:

Im Anhang sind jeweils die Originalantworten der Befragten wiedergegeben. Die Antworten auf die offenen Fragen wurden in den Interviews mitgeschrieben. In den nachfolgenden Übersichten wird der Kern der jeweiligen Antwort dargestellt. Ausschmückende Umschreibungen und Erläuterungen werden nicht mit aufgeführt.

Die Numerierung von 1 bis 30 entspricht den befragten Betrieben und wird bei allen Darstellungen von Originalantworten verwendet. So ist dem geneigten Leser auch ein Quervergleich der Antworten möglich.

Zunächst wird jeweils die Fragestellung genannt, dann folgen die Antworten der Arbeitgeberseite und der Betriebsratsseite.

Anhang 1: Ziele des Gesetzgebers

Fragestellung: „Welche Ziele hat der Gesetzgeber Ihres Erachtens mit der Neuaufnahme der §§ 90, 91 Betriebsverfassungsgesetz verfolgt?".

a) Die Meinung der Arbeitgebervertreter

(1) Frühes Eingreifen des Betriebsrats, um Schaden von der Belegschaft abzuwenden.

(2) Arbeitnehmervertreter sollen rechtzeitig in unternehmerische Planungsüberlegungen eingeschaltet werden. Oft werden von den Arbeitnehmervertretern gute Vorschläge gemacht.

(3) Möchte sicherstellen, daß die humane Arbeitswelt noch humaner wird und daß die Interessen der Arbeitnehmer frühzeitig zur Sprache kommen. Der Betriebsrat soll Ideen in das sonst einseitige Wirken des Arbeitgebers einbringen können.

(4) Sie unterstellen, daß der Gesetzgeber denkt.

(5) Der Gesetzgeber wollte erreichen, daß Arbeitnehmervertreter informiert werden; daß ein Mitbestimmungsrecht existiert; daß der Betriebsrat gehört wird und weiß, was im Unternehmen passiert. Die rechtzeitige Information bringt mehr als die Mitbestimmung.

(6) Der Betriebsrat soll bei Fragen der Arbeitsgestaltung mitbestimmen.

(7) Schwer zu beantworten. Der Betriebsrat sollte zusätzliche Rechte erhalten.

(8) Bei betrieblichen Veränderungen sollte ein Gespräch aufkommen.

(9) Nicht nur die Erfahrung der Techniker sollte genutzt werden, sondern man will das soziale, menschliche Element berücksichtigen.

(10) Die Arbeitnehmervertreter sollen früher an Planungsvorhaben beteiligt werden. Davon ist auch das Personalwesen betroffen.

(11) Die Probleme der Zukunft wurden erkannt. Stärkere Einbeziehung des Betriebsrats.

(12) Die Firmenseite soll nicht ohne die Arbeitnehmerseite investieren können. Zusätzliche Einschaltung der Belegschaftsseite.

(13) Der Belegschaft soll Transparenz gegeben werden. Drohende Nachteile sollen abgewendet und nur akzeptable Maßnahmen durchgeführt werden.

(14) Im Sinne des Betriebsverfassungsgesetzes vertrauensvolle Zusammenarbeit über solche „Dinge", rechtzeitige Unterrichtung, da Betriebsrat auch manches blockieren kann.

(15) Der Versuch, im weitesten Sinne menschlichere Arbeitsbedingungen zu schaffen. Aber: Routinearbeit wird in Zukunft ohnehin abgeschafft.

(16) Idee der sozial-liberalen Koalition. Von Gewerkschaftsseite wurde die Mitbestimmung am Arbeitsplatz angestrebt (politisches Moment). Der Betriebsrat wird zum qualitativen Ordnungsfaktor als verlängerter Arm der Gewerkschaftsaufsicht.

(17) Der Wille, über den Betriebsrat die Belegschaft zu informieren. Arbeitsplätze sollen dem Stand der Technik (in Bezug auf die Sicherheit) entsprechen.

(18) Die Arbeitnehmerseite soll stärker in das betriebliche Geschehen eingebunden werden.

(19) Die Mitbestimmung soll ausgeweitet werden. Der Betriebsrat soll für Fragen der Arbeitsgestaltung zuständig sein.

(20) Der Gesetzgeber ist davon ausgegangen, daß die Information die Voraussetzung für eine Zusammenarbeit ist. Der Betriebsrat soll rechtzeitig informiert werden, insbesondere über die Auswirkungen. Andere Rechte werden ergänzt, aber die unbestimmten Rechtsbegriffe sind unglücklich gewählt.

(21) Das kann man nie wissen. Kompromiß. Mehr Mitbestimmung bei den Arbeitsbedingungen.

(22) Bessere, überlegtere Durchführung der im Gesetz genannten Maßnahmen. Koordination der Unternehmens- und Mitarbeiterinteressen.

(23) Mitbestimmung im sachlichen Bereich. Verbesserung des zwischenmenschlichen Klimas. Der Arbeitgeber soll gezwungen werden, sich Gedanken über die Arbeitsgestaltung zu machen.

(24) Der Betriebsfrieden soll erhalten werden. Optische Gestaltung der Arbeitsplätze. Humane Arbeit.

(25) Man wollte eine Entlastung des Menschen fördern. Schutz der Arbeitnehmer.

(26) Der Betriebsrat soll bei betrieblichen Veränderungen einbezogen werden.

(27) Die Arbeitnehmervertreter sollen über Veränderungen rechtzeitig unterrichtet werden. Arbeitswissenschaftliche Gestaltung der Arbeitsplätze. Keine Überraschungen für die Belegschaft.

(28) Die moderne Technologie kann zu Problemen für die Arbeitnehmer führen. Großen Konflikten soll vorgebeugt werden.

(29) Mitbestimmung der Arbeitnehmer.

(30) Größeres Mitspracherecht des Betriebsrats. Idee, Arbeitsplätze zu sichern. Betriebsrat soll rechtzeitig informiert werden.

b) Die Meinung der Betriebsräte

(1) Der Betriebsrat soll mehr Mitsprache- und Beratungsrechte haben, um z. B. personelle Auswirkungen frühzeitig zu erkennen.

(2) Der Gesetzgeber reagiert auf die Herausforderungen aus der Praxis. Bei Beachtung des § 2 von großem Vorteil, z. B. bei der Einführung neuer Technologien. Die Belegschaft nimmt die Änderungen dann besser an.

(3) Eine gewisse Mitbestimmung soll ausgeübt werden können.

(4) Ziel ist die Humanisierung. Dieses Ziel wird aber nicht erreicht, da eine völlige Anwendung sehr kostenaufwendig wäre. Es liegen noch keine gesicherten Erkenntnisse über die Bildschirmarbeit vor (konträre Gutachten). Die Wissenschaft läuft der Praxis hinterher.

(5) Mitentscheidung bei der Humanisierung der Arbeit. Der Arbeitgeber verläßt sich auf die Technik und handelt wirtschaftlich.

(6) Der Gesetzgeber möchte die Gesundheit der Mitarbeiter schützen. Außerdem steigt durch eine gute Arbeitsplatzgestaltung das Wohlgefühl der Mitarbeiter.

(7) Absicherung und Verstärkung der anderen Rechte.

(8) Unterrichtung des Betriebsrats über Planungsvorhaben.

(9) Die Arbeitsplatzgestaltung sollte so sein, wie wir sie uns als Menschen vorstellen.

(10) Die Kräfteverteilung im Unternehmen sollte etwas ausgeglichen werden. Es galt, Nachteile für die Arbeitnehmer zu verhindern.

(11) Die Arbeitnehmervertreter sollen frühzeitig informiert werden (bei der Umgestaltung von Hallen, der Anschaffung von Maschinen). Informationsrecht des Betriebsrats. Mitgestaltung bei Neubauten. Einbringen von Verbesserungsvorschlägen zur besseren Arbeitsgestaltung, Schaffung humaner Arbeitsplätze ohne Nachteile für die Arbeitnehmer. Das Unternehmen soll keine Alleingänge machen.

(12) Der Gesetzgeber wollte eine größere Einflußnahne des Betriebsrats schaffen. Mehr Fürsorge für die Arbeitnehmer.

(13) Ziel war die Erhaltung der Gesundheit der Menschen als Ergänzung zu den Regelungen der Berufsgenossenschaften.

(14) Die Belegschaft soll davor geschützt werden, daß sie an Maschinen arbeiten muß, die Gesundheitsschäden hervorrufen. Verhinderung von Überlastungen (Leistungsarbeitsplätze). Ergänzung für die Arbeitsschutzabteilung.

(15) Die Koordination der Interessen zwischen Arbeitnehmer und Arbeitgeber. Klassenkampf soll ausgeschaltet werden. Mitbestimmung der Arbeitnehmer und des Betriebsrats. Ziel sollten angemessene Arbeitsplätze sein. Einschränkung unternehmerischer Willkür.

(16) Gerade bei Änderung von Arbeitsplätzen und Umsetzung von Mitarbeitern soll eine vorherige Unterrichtung des Betriebsrats erfolgen. Lösung der sozialen Frage.

(17) Der Betriebsrat soll früh über Rationalisierungsmaßnahmen und die Aufstellung neuer Maschinen unterrichtet werden. So kann er besser Gegenmaßnahmen ergreifen.

(18) Alles sollte mit dem Betriebsrat besprochen werden. Dabei gab es früher oft Schwierigkeiten.

(19) Der Betriebsrat soll in allen Dingen mitbestimmen. Das Unternehmen sollte das Betriebsratswissen nutzen. Ziel: Sicherheit der Arbeitsplätze.

(20) Eine einheitliche Norm, die den Arbeitgeber verpflichtet, bestimmte Dinge zu tun.

(21) Menschenunwürdige Arbeitsplätze, die noch bestehen, sollen abgebaut werden. Probleme werden jedoch oft in gutem Einverständnis gelöst. Das Gesetz braucht man kaum, Betriebsvereinbarungen sind besser.

(22) Die Mitbestimmung des Betriebsrats soll besser ausgefüllt werden.

(23) Einseitige unternehmerische Entscheidungen sollen vermieden werden.

(24) Dem Betriebsrat soll mehr Einfluß gewährt werden.

(25) Die Beratungs- und Informationsrechte sollen verstärkt werden.

(26) Der Betriebsrat soll dem Mann am Arbeitsplatz dienen (wie der klar kommt). Humanisierungsziel.

(27) Der Gesetzgeber wollte die Überwachungspflicht des Betriebsrats verstärken, damit die Gesetze beachtet werden. Die Arbeitsplätze sollen effektiver gestaltet werden.

(28) Ziel waren menschliche Verbesserungen. Unterstützung des Arbeitgebers durch den Betriebsrat bei neuen Technologien.

(29) Der Betriebsrat soll auf die vorschriftsmäßige Gestaltung der Arbeitsplätze achten.

(30) Schwer zu beschreiben. Ohne den Betriebsrat wäre mancher Arbeitsplatz nicht so gut.

Anhang 2: Konkretisierungsgrad der §§ 90, 91 BetrVG

Fragestellung: „Gibt es Formulierungen, die konkreter gefaßt werden sollten?".

a) Die Meinung der Arbeitgebervertreter

(1) Rechtzeitigkeit, Gesichertheit, arbeitswissenschaftliche Erkenntnisse.

(2) Keine Angabe.

(3) Gesicherte arbeitswissenschaftliche Erkenntnisse.

(4) Keine Angabe.

(5) Rechtzeitigkeit (im Prinzip ist der Gesetzestext konkret genug).

(6) Keine Angabe.

(7) Zu viele Bestimmungen. Neue Erkenntnisse kann man ohnehin nicht außer acht lassen.

(8) Keine Angabe.

(9) Der Interpretationsspielraum ist ausreichend.

(10) Gesicherte arbeitswissenschaftliche Erkenntnisse über die menschengerechte Gestaltung der Arbeit.

(11) Rechtzeitigkeit, arbeitswissenschaftliche Erkenntnisse, technische Anlagen.

(12) Das hängt von den Personen ab, die verhandeln.

(13) Umfang der Maßnahmen nach den §§ 90, 91. Wann gilt der § 90, z. B. auch im Tagesgeschäft? Klare Abgrenzung über das Gewicht einer Maßnahme.

(14) Nein. Man sollte die Dinge nicht so wörtlich nehmen.

(15) Nein.

(16) In § 91 könnte auf die Vorschriften der Berufsgenossenschaften Bezug genommen werden.

(17) Z. B. eine Aufzählung, was Neu-, Um- und Erweiterungsbauten sind. Die Mitwirkungsgegenstände sind nicht konkret abgrenzbar. Was sind vorgesehene Maßnahmen, Anforderungen oder was ist Beratung?

(18) Kriterium der „Gesichertheit“.

(19) Nein.

(20) Offensichtlichkeit, Gesichertheit, Rechtzeitigkeit.

(21) Keine Angabe.

(22) Nein.

(23) Es gibt konkrete und nicht konkrete Punkte. Die Gegenstandsbereiche sind konkret, die anderen Formulierungen nicht.

(24) Keine Angabe.

(25) Keine Angabe.

(26) Insgesamt umständliche Formulierungen.

(27) Keine Angabe.

(28) Konkrete Angaben von Zeitpunkt und Umfang der Information wären wichtig. Beide Parteien sollten zu akzeptablen Lösungen gezwungen werden.

(29) Menschengerechtigkeit, gesicherte arbeitswissenchaftliche Erkenntnisse. Insgesamt zu hochtrabend formuliert.

(30) Der Hinweis auf Arbeitsverfahren, Arbeitsabläufe und Arbeitsplätze ist zu allgemein.

b) Die Meinung der Betriebsräte

(1) Rechtzeitigkeit. Die Punkte 1 bis 4 sind konkret genug.

(2) Gesicherte arbeitswissenschaftliche Erkenntnisse. (Gibt es bei neuen Technologien nicht. Es sollte nicht aus Kostengründen das billigste gemacht werden.) Rechtzeitigkeit. Begriffe „sollen“ angewendet werden.

(3) Rechtzeitigkeit. (Information erfolgt manchmal zu spät.) Betriebsvereinbarung als Instrument einfügen.

(4) Was ist gesichert? (Wenn etwas gesichert ist, ist es bereits Vergangenheit.)

(5) Was sind technische Anlagen und Erweiterungen? (Das Gesetz muß bei allen Veränderungen greifen.)

(6) Erkenntnisse „sollen“ angewendet werden. (Formulierung zu schwach.) Die Gesetzesauslegung bei Bildschirmarbeit ist eindeutig (gute Richtlinien).

(7) Einordnung neuer Technologien (EDV).

(8) Es sollten Sanktionen eingeführt werden. Für jeden Tag der späteren Unterrichtung 500,-- DM in die Sozialkasse des Betriebsrats. Die Rechtzeitigkeit ist zu präzisieren (manchmal sind acht Tage ausreichend, manchmal ist es unmöglich, rechtzeitig zu sein).

(9) Man kann damit arbeiten. Man könnte Beispiele anführen (z. B. ein Lötarbeitsplatz ist so oder so zu gestalten). Sehr großer Spielraum für die Firmenleitung.

(10) Nein.

(11) Ein echtes Mitbestimmungsrecht fehlt. Die Unterrichtung läuft nicht immer wie gewünscht. Die Beratung wird vernachlässigt, was an der Informationspolitik des Arbeitgebers liegt.

(12) Begriff der „Planung" (häufig der strittigste Punkt). Was sind technische Anlagen, was sind Arbeitsplatzmaßnahmen? Frage der Fortführung / Änderung von Arbeitsplätzen. Begriff der „Rechtzeitigkeit". „Arbeitswissenschaftliche Erkenntnisse" und „menschengerechte Gestaltung" ist leider von politischen oder richterlichen Meinungen determiniert.

(13) Rechtzeitigkeit. Beweislast. Arbeitswissenschaftliche Erkenntnisse. Der § 91 greift zu spät, dann sind keine Änderungen mehr möglich. Ziel wäre eine echte Mitbestimmung.

(14) Was sind „gesicherte arbeitswissenschaftliche Erkenntnisse"? Was ist „menschengerecht" (sehr individuumbezogen)?

(15) Nein.

(16) Nein. Es kommt auf die Stärke des Betriebsrats an.

(17) Rechtzeitigkeit.

(18) So formulieren, daß man aus dem Text mehr lesen kann. Die Auslegung ist vom Betriebsrat und seiner Stellung abhängig.

(19) Das Beratungsrecht. (Was muß der Unternehmer dem Betriebsrat beweisen?).

(20) Insgesamt zu unpräzise. Vorstand ist im Vorteil, da er eigene Rechtsabteilung hat.

(21) Nein.

(22) Mitbestimmungsgegenstände konkretisieren.

(23) Man muß mit den Begriffen umzugehen wissen.

(24) Rechtzeitigkeit (frühestmögliches Stadium).

(25) Das geschriebene Gesetz ist nur die eine Seite. Es kommt auf den Willen der Partner an.

(26) Keine Angabe.

(27) Festlegung des Beteiligungszeitpunkts. Der Betriebsrat sollte stufenweise beteiligt werden.

(28) Rechtzeitigkeit.

(29) Keine Angabe.

(30) Keine Angabe.

Anhang 3: Der Begriff der „Menschengerechtigkeit“

Fragestellung: „Wie würden Sie den Begriff der ‚Menschengerechtigkeit‘ in Bezug auf menschliche Arbeit interpretieren?“.

a) Die Meinung der Arbeitgebervertreter

(1) Keine Tätigkeit gegen die Würde des Menschen.

(2) Zumutbare Arbeit.

(3) Der Mensch soll nicht zur Arbeitsmaschine degradiert werden. Man sollte menschlichen Wünschen und Bedürfnissen zur Realisierung verhelfen. Selbstverwirklichung und Selbstbestätigung, Freude an der Arbeit etc. unter Konditionen, die seine Menschenwürde garantieren, anstreben.

(4) Bei der Bildschirmarbeit wurde beispielsweise überlegt, daß körperlich kein Schaden entstehen soll, nicht zu monotone Arbeitsplätze entstehen (Mischarbeitsplätze schaffen), der konkrete Aufbau der Geräte dem Menschen entspricht, zwischenmenschlichen Aspekten Rechnung getragen wird (zwei Frauen wollen miteinander reden) und keine Isolation des einzelnen erfolgt.

(5) Dieser Begriff ist subjektiv. Wenn der einzelne sich an seinem Arbeitsplatz wohl fühlt und sich mit seinem Betrieb identifiziert, handelt es sich um einen menschengerechten Arbeitsplatz.

(6) Dem menschlichen Wesen dienende und unterstützende Inhalte der Arbeit (spricht nicht gegen Fließbandarbeit; das Arbeitsumfeld ist besonders wichtig).

(7) Daß man in einigermaßen ordentlichen Räumen lebt, daß man die Arbeitszeit angenehm verbringt, gut eingerichtet und möbliert ist und die Tätigkeit den Menschen nicht überfordert. Keine einseitigen Tätigkeiten.

(8) Daß der Mensch keine geistigen und körperlichen Schäden davonträgt.

(9) Daß man die Arbeit ohne große körperliche Anstrengungen machen kann. Kein Bücken oder keine Überkopfarbeit.

(10) Der Mensch soll als anerkanntes Individuum in einem großen Arbeitsprozeß eine sinnvolle Arbeit leisten und Anerkennung finden.

(11) Rückzug auf das Pragmatische: Abbau von Belastungen, Muskeleinflüssen, Verbesserung der Arbeitsumgebung.

(12) Der Arbeitsplatz sollte von den Anforderungen her menschenwürdig sein. Arbeiter soll Erfüllung finden am Arbeitsplatz und Arbeitsfreude; er soll nicht mehr unter Zwang arbeiten.

(13) Wenn der Betroffene eine gewisse eigene Gestaltungsmöglichkeit hat, nicht alles vorgeschrieben wird, seine zeitliche Einteilung flexibel gestalten kann, keine Monotonie hat und die Ergonomie beachtet wird.

(14) Daß die gesicherten arbeitswissenschaftlichen Erkenntnisse berücksichtigt werden. Hier ist ein stillschweigendes Initiativrecht des Betriebsrates bei Arbeitsschutzfragen oder Fragen des § 91 BetrVG gegeben. Der Unfallschutz muß beachtet werden. Oft ist der Weg über informelle Kanäle geeignet, z. B. bei Mängeln an einer Maschine.

(15) Dem Hirn des Menschen angepaßt. Keine Monotonie. Aufbau interessanter abwechslungsreicher geistiger Arbeit. Job Enrichment (Folge — auch höhere Bezahlung).

(16) Einseitige Belastungen körperlicher und geistiger Art sollen vermieden werden, so daß der Arbeitnehmer weniger krank ist und sich wohl fühlt. Das Umfeld sollte keine übermäßigen Belastungen (Lärm, Temperaturen) beinhalten.

(17) Es wäre nicht menschengerecht, jemanden im Wasser stehen zu lassen.

(18) Das, was einem normalbeschaffenen Arbeitnehmer hinsichtlich Körperkraft und Geist zugemutet werden kann. Neue Erkenntnisse sind dabei zu berücksichtigen. Der Begriff ist im Wandel.

(19) Die Schaffung von Arbeitsstrukturen unter Beachtung der derzeitigen Gesetze und Verordnungen.

(20) Keine einseitige Arbeit, dem Menschen angepaßt, möglichst abwechslungsreich, keine Zwangshaltungen.

(21) Wichtig ist, daß der Unterschied zwischen Umwelt (Gesellschaft, Familie) und Betrieb bei der Gestaltung des Betriebsgeschehens berücksichtigt wird. Der Mensch darf nicht aus dem Leben gerissen werden. Es sollte auch auf Umgebungsbesonderheiten Rücksicht genommen werden (der Nachmittagsbauer). Abbau von Über- und Unterforderungen. Und der Arbeitsplatz muß einen Spielraum für Mitarbeiter bieten.

(22) Berücksichtigung der körperlichen Möglichkeiten des Menschen (Armlänge, Sitzhöhe etc.). Sinnesorgane.

(23) Nicht menschengerecht ist das, wo der Mensch zu einem Stück Maschine aus Fleisch wird.

(24) Das Klima muß menschengerecht sein (Raumklima, Lärm, Luft). Menschliche Unternehmensleitung, menschliche Arbeitsatmosphäre, menschliche Kontakte, Menschen nicht ärgern.

(25) Daß jemand einen angenehmen Arbeitsplatz hat, der ihn wenig körperlich belastet und geistig nicht überfordert. Umgebungseinflüsse soweit wie möglich unbelastend.

(26) Daß die Arbeit den Anforderungen entspricht und nicht den geistigen und physischen Möglichkeiten zuwiderläuft.

(27) Arbeit muß Spaß machen. Keine Überforderung!

(28) Daß die Leute unter dem Bewußtsein arbeiten, das höchstmögliche Maß an Zufriedenheit zu haben. Arbeitgeber sollte Verdrängungsmechanismen vermeiden.

(29) Menschengerechtigkeit ist die Grundvoraussetzung!

(30) Den Leuten muß ihre Arbeit Spaß machen, sie müssen gerne zur Arbeit erscheinen, sie müssen sich mit dem Unternehmen identifizieren.

b) Die Meinung der Betriebsräte

(1) Der Arbeitsplatz sollte so gestaltet sein, daß der Arbeitnehmer Freude empfindet, zufrieden ist und nicht überbeansprucht wird.

(2) Alle sind Individualisten. Es sollte auf die geistigen und körperlichen Eigenschaften des einzelnen Menschen Rücksicht genommen werden.

(3) Der Abbau starker körperlicher Belastungen und der Monotonie ist wichtig. Ebenso mehr Arbeitsplatzflexibilität. Der Mensch sollte nicht in dunklen Löchern arbeiten, wo man nur noch kontrolliert, ob er noch lebt.

(4) Menschenunwürdige Arbeitsplätze gibt es nicht mehr. Es geht um die Bedingungen, unter denen man arbeiten muß.

(5) Human bedeutet, sich an die Regeln der Technik zu halten und übermäßige einseitige Belastungen zu vermeiden.

(6) Das Wohlgefühl des Menschen sichern: Nahrung, geistige Entwicklung, soziale Kontakte und Geborgenheit.

(7) Arbeitsplätze den Möglichkeiten des einzelnen Mitarbeiters entsprechend gestalten (Ergonomie, Arbeitsplatzsicherheit).

(8) Streßfrei.

(9) Die individuellen Probleme des Menschen sehen, z. B. Härtefälle bei der Schichtarbeit. Über die Gesetze hinaus die menschlichen Probleme beachten.

(10) Die neuesten wissenschaftlichen und ergonomischen Erkenntnisse sollten berücksichtigt werden.

(11) Man sollte keine unmöglichen Arbeitsplätze bauen, z. B. schwere Arbeitsbedingungen, und man sollte technische Lösungen anstreben, die zu einer besseren Arbeitsumgebung führen.

(12) Was mit der Würde des Menschen vereinbar ist und was nicht zu einseitigen Belastungen führt.

(13) Arbeitsplätze sollten den natürlichen Anlagen des Menschen, seinem Typus entsprechen. Man sollte die Vielseitigkeit des Menschen und seinen Spieltrieb ausnutzen, um ihm gerecht zu werden.

(14) Hier geht es nicht nur um den Arbeitsplatz, sondern auch um die Gestaltung der Arbeit. Es sollten keine Zwangshaltungen entstehen, eine passende Umgebung geschaffen werden, so daß man gerne zur Arbeit geht.

(15) Schwammiger Begriff. Die Arbeit sollte qualifikations- und ambitionsgerecht gestaltet werden und etwas Privatleben gestatten („daß einer einen Goldfisch auf dem Schreibtisch hat").

(16) Keine Überbelastung bei der Arbeit. Der Vorgesetzte sollte sich auch persönlich um die Mitarbeiter kümmern. Zugluft, Lärm und andere Umgebungseinflüsse sollten vermieden werden.

(17) Menschengerecht ist ein Arbeitsplatz dann, wenn der Mensch immer im Vordergrund steht. Erst der Mensch, dann die Rendite.

(18) So, daß der einzelne auch Freude an seiner Arbeit hat. „Heute habe ich etwas Vernünftiges gemacht."

(19) So, daß der Mann mit der Arbeit zufrieden ist, Spaß hat und ein gutes Verhältnis zu den Kollegen. Außerdem sind Freiräume wichtig.

(20) Dieser Begriff geht bis zu den Schwerbehinderten, die eine Arbeit noch verrichten können müssen.

(21) Nicht definierbar. „Kann Arbeiten überhaupt menschengerecht sein?"

(22) So, wie der Mitarbeiter Lust hat.

(23) Kann man nicht hoch genug ansiedeln. „Den" menschengerechten Arbeitsplatz wird es wohl nie geben.

(24) Der Arbeitsplatz muß sicher sein und der Umgang zwischen Arbeitnehmer und Vorgesetzten ist wichtig.

(25) Der eine sagt, Arbeit ist unmenschlich. Es geht darum, daß sich der Arbeiter seiner Lage bewußt ist. Die ganze Arbeitsplatzgestaltung, Bewegungsfreiheit, Licht, Luft, Lärm sollen nicht gesundheitsschädlich sein.

(26) Wichtig ist, daß es für gleiche Beschäftigung gleichen Lohn gibt.

(27) Menschengerecht ist ein Arbeitsplatz, der den Menschen nicht überfordert, aber fordert, so daß er den Aufgaben gewachsen ist.

(28) Es sollten genügend geeignete Hilfsmittel zur Entlastung vorhanden sein (gesundheitlich wie körperlich).

(29) Was ist ungerecht? Das ist ein Individualproblem. Der Arbeitsplatz sollte den einzelnen Menschen angepaßt sein.

(30) Die gewerblichen Arbeitnehmer sollten nicht die gleiche Arbeit den ganzen Tag machen. Wichtig ist normales Licht, keine Neonbeleuchtung.

Literaturverzeichnis

Ausschuß für Arbeit und Soziales [Gestaltung]: Gestaltung von Arbeitsplatz, Arbeitsablauf und Arbeitsumgebung. In: Deutscher Bundestag — 6. Wahlperiode, Anlage zu Drucksache VI / 2729, S. 4f.

Ballwieser, Wolfgang / Berger, Karl-Heinz (Hrsg.) [Information]: Information und Wirtschaftlichkeit, Wiesbaden 1985.

Birkwald, R. [§§ 90 und 91]: Die §§ 90 und 91 des Betriebsverfassungsgesetzes. In: Schulte, B. / Dörken, W. / Krankenhagen, H.-J.: Die arbeitswissenschaftlichen Gesichtspunkte des Betriebsverfassungsgesetz — Ideal und Wirklichkeit, Berlin-Köln-Frankfurt 1974, S. 61-74.

Birkwald, R. / Pornschlegel, H. [Handlungsanleitung]: Handlungsanleitung zur menschengerechten Arbeitsgestaltung nach den §§ 90, 91 BetrVG, Köln 1976.

Bock-Rosenthal, Erika / Hachmeister, Heiner / Sorge, Arndt [Mitbestimmung]: Mitbestimmung am Arbeitsplatz, Göttingen 1977.

DFVLR (Hrsg.) [Humanisierung]: Aktionsprogramm „Humanisierung des Arbeitslebens (HdA), Jahresbericht 1976 des Projektträgers HdA — DFVLR, Bonn-Bad Godesberg 1977.

Diefenbacher, Hans [Mitbestimungsforschung]: Empirische Mitbestimmungsforschung. Eine kritische Auseinandersetzung mit Methoden und Resultaten, Franfurt 1983.

Diefenbacher, H. / Nutzinger, H.G. (Hrsg.) [Mitbestimmung]: Mitbestimmung. Probleme und Perspektive der empirischen Forschung, Frankfurt-New York 1981.

Euler, Hanns Peter [Arbeitskonflikt]: Arbeitskonflikt und Leistungsrestriktion im Industriebetrieb, Düsseldorf 1973.

Euler, Hanns Peter [Konfliktpotential]: Das Konfliktpotential industrieller Arbeitsstrukturen: Analyse der technischen und sozialen Ursachen, Opladen 1977.

Fitting, Karl / Auffarth, Fritz / Kaiser, Heinrich / Heiter, Friedrich [Betriebsverfassungsgesetz]: Betriebsverfassungsgesetz. Handkommentar, 15. Aufl., München 1987.

Fromm, E. [Revolution]: Die Revolution der Hoffnung, Hamburg 1973.

Fürstenberg, Friedrich [Methodologie]: Zur Methodologie der Mitbestimmungsforschung. In: Diefenbacher, H. / Nutzinger, H.G. (Hrsg.) [Mitbestimmung]: Mitbestimmung. Probleme und Perspektive der empirischen Forschung, Frankfurt-New York 1981, S. 31-49.

Fuchs, K.-D. [Erkenntnisse]: Die gesicherten arbeitswissenschaftlichen Erkenntnisse, Frankfurt-New York 1984.

Gaitanides, M. / Gottschalk, B. [Unterrichtung]: Zur „rechtzeitigen" Unterrichtung des Betriebsrats von Planungsvorhaben (§ 90 Betriebsverfassungsgesetz). In: angewandte planung, Bd. 2, 1978, Heft 1, S. 22-28.

Gege, Maximilian [Wirtschaftsausschuß]: Die Funktion des Wirtschaftsausschusses im Rahmen der wirtschaftlichen Mitbestimmung: Eine Untersuchung über die rechtliche Ausgestaltung und Funktionsfähigkeit des Ausschusses in der Praxis, Frankfurt 1977.

Gerum, Elmar [Arbeitsgestaltungspolitik]: Grundfragen der Arbeitsgestaltungspolitik. Ein integrativer Ansatz zur Problematik der „gesicherten arbeitswissenschaftlichen Erkenntnisse über die menschengerechte Gestaltung der Arbeit", Stuttgart 1981.

Herzberg, F. [Motivate]: One more time: How do you motivate employees? In: Harvard Business Review, Vol. 46, 1968, No.1, pp. 53-62.

Herzberg, F. [Work]: Work and the Nature of Man, Cleveland 1966.

Informationszentrum Sozialwissenschaften (Hrsg.) [Humanisierung]: Humanisierung der Arbeit — Forschungdokumentation, Bonn 1981.

Kirsch, Werner / Scholl, Wolfgang [Mitbestimmung]: Was bringt die Mitbestimmung: Eine Gefährdung der Handlungsfähigkeit und / oder Nutzen für die Arbeitnehmer?. In: Die Betriebswirtschaft, 43. Jg., 1983, Heft 4, S. 541-562.

Kliemt, Gundolf [Betriebsverfassungsgesetz]: Die Praxis des Betriebsverfassungsgesetzes im Dienstleistungsbereich, Tübingen 1971.

Kotthoff, H. [Betriebsräte]: Betriebsräte und betriebliche Herrschaft: Eine Typologie von Partizipationsmustern im Industriebetrieb, Frankfurt-New York 1981.

Kreikebaum, Hartmut [Humanität]: Humanität in der Arbeitswelt. Eine kritische Betrachtung. In: Zeitschrift für Betriebswirtschaft, 47. Jg., 1977, S. 481-508.

Kreikebaum, Hartmut [Entwicklung]: Humanisierung der Arbeit und technologische Entwicklung. In: Kreikebaum, H. / Liesegang, G. / Schaible, S. / Wildemann, H. (Hrsg.), Industriebetriebslehre in Wissenschaft und Praxis. Festschrift für Theodor Ellinger zum 65. Geburtstag, Berlin 1985, S. 43-70.

Kreikebaum, Hartmut [Aspekte]: Organisatorische Aspekte des Zusammenwirkens von Arbeitgeber und Betriebsrat im Rahmen des autonomen Arbeitsschutzes. In: Fürstenberg, W. / Hanau, P. / Kreikebaum, H. / Rohmert, W.: Menschengerechte Gestaltung der Arbeit, Mannheim-Wien-Zürich 1983, S. 91-105.

Kreikebaum, Hartmut [Unternehmensplanung]: Strategische Unternehmensplanung, 3. Aufl., Stuttgart-Berlin-Köln-Mainz 1989.

Kreikebaum, Hartmut / Bokranz, Rainer [Planungsprozesse]: Die Forderung nach menschengerechter Gestaltung der Arbeit in § 90 Betriebsverfassungsgesetz und ihre Auswirkungen auf betriebliche Planungsprozesse. In: Zeitschrift für Betriebswirtschaft, 53. Jg., 1983, Heft 10, S. 918-938.

Kreikebaum, Hartmut / Herbert, Klaus-Jürgen [Arbeitsformen]: Der Mensch als Maßstab für neue Arbeitsformen. In: Forschung Franfurt — Wissenschaftsmagazin der Johann Wolfgang Goethe-Universität, 7. Jg., 1989, Nr. 1, S. 46-52.

Kreikebaum, Hartmut / Herbert, Klaus-Jürgen [Humanisierung]: Humanisierung der Arbeit — Arbeitsgestaltung im Spannungsfeld ökonomischer, technologischer und humanitärer Ziele, Wiesbaden 1988.

Kreikebaum, Hartmut / Liesegang, Günter / Schaible, Siegfried / Wildemann, Horst (Hrsg.) [Industriebetriebslehre]: Industriebetriebslehre in Wissenschaft und Praxis. Festschrift für Theodor Ellinger zum 65. Geburtstag, Berlin 1985.

Kubicek, Herbert [Organisationsforschung]: Empirische Organisationsforschung, Stuttgart 1975.

Matthöfer, H. [Humanisierung]: Humanisierung der Arbeit und Produktivität in der Industriegesellschaft, Köln-Frankfurt 1977.

Mittler, H. / Ochs, P. / Peter, R. [Erkenntnisse]: Anwendung arbeitswissenschaftlicher Erkenntnisse im Industriebetrieb, Bonn 1977.

Paul, Günter / Scholl, Wolfgang [Mitbestimmung]: Mitbestimmung bei Personal- und Investitionsfragen. In: Diefenbacher, H. / Nutzinger, H.G. (Hrsg.) [Mitbestimmung]: Mitbestimmung. Probleme und Perspektive der empirischen Forschung, Frankfurt-New York 1981, S. 115-142.

Potthoff, E. / Blume, O. / Düvernell, H. [Zwischenbilanz]: Zwischenbilanz der Mitbestimmung, Tübingen 1962.

Rohde, Helmut [Erwartungen]: Die gesellschaftspolitischen Erwartungen des Gesetzgebers an das neue Betriebsverfassungsgesetz. In: Das Mitbestimmungsgespräch, 18. Jg., 1972, S. 155-159.

Rohmert, W. [Aufgaben]: Aufgaben und Inhalte der Arbeitswissenschaft. In: Die berufsbildende Schule, 24. Jg., 1972, Heft 1, S. 3-14.

Schulte, B. / Dörken, W. / Krankenhagen, H.-J. [Gesichtspunkte]: Die arbeitswissenschaftlichen Gesichtspunkte des Betriebsverfassungsgesetz — Ideal und Wirklichkeit, Berlin-Köln-Frankfurt 1974.

Schwerdtfeger, Günter (Hrsg.) [Mitbestimmung]: Mitbestimmung in privaten Unternehmen, Berlin, New York 1973.

Staehle, Wolfgang H. / Osterloh, Margit [Betriebsräte]: Wie, wann und warum informieren deutsche Manager ihre Betriebsräte. In: Ballwieser, Wolfgang / Berger, Karl-Heinz (Hrsg.) [Information]: Information und Wirtschaftlichkeit, Wiesbaden 1985.

Szyperski, Norbert / Mußhoff, Heinz Josef [Planung]: Planung und Plan. In: Szyperski, Norbert (Hrsg.): Handwörterbuch der Planung, Stuttgart 1989, Sp. 1426-1438.

Wilpert, Bernhard / Rayley, Jörg [Mitbestimmung]: Anspruch und Wirklichkeit der Mitbestimmung, Frankfurt 1983

Witte, Eberhard [Organisationsforschung]: Empirische Organisationsforschung. In: Grochla, Erwin (Hrsg.): Handwörterbuch der Organisation, 2. Aufl., Stuttgart 1980 Sp. 614-623.

Witte, Eberhard [Einflußpotential]: Das Einflußpotential der Arbeitnehmer auf die Unternehmenspolitik. Eine empirische Untersuchung. In: Die Betriebswirtschaft, 40. Jg., 1980, S. 541-559.

Witte, Eberhard [Phasen-Theorem]: Phasen-Theorem und Organisation komplexer Entscheidungsverläufe. In: Zeitschrift für betriebswirtschaftliche Forschung, 20. Jg., 1968, S. 625-647.

Sachwortverzeichnis

FSC
www.fsc.org
MIX
Papier | Fördert gute Waldnutzung
FSC® C083411

Kolibri 360 GmbH
Ferdinand-Jühlke-Straße 7
99095 Erfurt, Deutschland
produktsicherheit@kolibri360.de

Druck:
CPI Druckdienstleistungen GmbH
im Auftrag der
Kolibri 360 GmbH
Ferdinand-Jühlke-Str. 7
99095 Erfurt